智能变电站监控系统

典型作业培训教材

国网浙江省电力有限公司 组编

中国电力出版社
CHINA ELECTRIC POWER PRESS

内容提要

随着智能变电站监控系统的不断发展，对监控系统的调试和检修作业提出了新的要求。为提升智能变电站监控系统运维人员的理论与技能水平，编写了《智能变电站监控系统典型作业培训教材》。本书主要介绍了智能变电站监控系统的设备组成、典型配置、信息联调、现场验收、定期校验和缺陷处理等内容。

本书可作为智能变电站二次专业检修人员技术技能培训教材，也可供智能变电站监控系统设计、调试、检修等专业技术人员和管理人员学习与参考。

图书在版编目（CIP）数据

智能变电站监控系统典型作业培训教材 / 国网浙江省电力有限公司组编 . —北京：中国电力出版社，2020.9

ISBN 978-7-5198-4777-7

Ⅰ . ①智…　Ⅱ . ①国…　Ⅲ . ①变电所—智能系统—监控系统—技术培训—教材　Ⅳ . ① TM63

中国版本图书馆 CIP 数据核字（2020）第 121063 号

出版发行：中国电力出版社
地　　址：北京市东城区北京站西街 19 号（邮政编码 100005）
网　　址：http：//www.cepp.sgcc.com.cn
责任编辑：刘丽平　张冉昕（010-63412364）
责任校对：黄　蓓　常燕昆
装帧设计：王红柳
责任印制：石　雷

印　　刷：三河市百盛印装有限公司
版　　次：2020 年 9 月第一版
印　　次：2020 年 9 月北京第一次印刷
开　　本：787 毫米 ×1092 毫米　16 开本
印　　张：9.5
字　　数：199 千字
印　　数：0001—1500 册
定　　价：40.00 元

编 委 会

前 言

截至 2019 年，已投运智能变电站超过 4000 座，新设备运行与运维水平直接影响电网运行安全。一线班组人员是承担设备运维检修任务的主体，其技术技能水平至关重要，因此智能变电站技术技能培训是当前专业队伍建设的重要举措之一。针对现场需求，国网浙江省电力有限公司组织运维检修技术骨干编写《智能变电站监控系统典型作业培训教材》，以满足二次检修、变电运维人员培训、自学的需要。

智能变电站应用 DL/T 860 技术标准，二次回路网络化、一次设备智能化；基于 MMS/GOOSE/SV/104 等通信协议的数据交互成为监控系统功能实现的主要方式；SCD 文件与监控系统、保护装置具有紧密的技术关系。区别于传统变电站，智能变电站二次设备的调试验收、检修试验、运行维护有了新的要求。目前，二次检修、变电运维专业的技术技能与智能变电站新技术应用需求还存在一定差距，难以摆脱对厂家技术支持的依赖。本教材以现场典型作业为应用场景，重点介绍作业准备、系统联调、功能验收、常规校验等环节的作业内容及要求，并增加了智能变电站典型配置文件解读、典型缺陷处理实例以及新技术应用等内容。

本教材共分六章，第一章介绍监控系统整体构架、主要设备及仪器仪表使用方法；第二章介绍智能变电站典型配置文件解读；第三章介绍监控系统联调及远方智能对点技术；第四章介绍智能变电站监控系统现场验收内容及要求；第五章介绍智能变电站监控系统定期校验内容及要求；第六章介绍监控系统典型缺陷处理过程。本教材配套有视频课件，适合班组一线员工自学，并可作为二次专业现场工作参考书。

本教材及配套课件由具有丰富现场运维经验的技术人员及丰富培训经验的专业培训师编写和制作。其中第一章由杨力强、顾建、彭宝永编写；第二章由顾用地、叶海明、沈熙辰编写；第三章由陈立、黄桢、刘华蕾、李嘉茜编写；第四章由阮黎翔、江波、彭弈乘编写；第五章由常俊晓、居福豹、张静、易妍编写；第六章由叶李心、黄红艳、宋东驰编写。全书由黄红艳、彭宝永、叶海明负责统稿，钱建国、王金岩、王周虹等负责审核。

本书在编写过程中，得到多位领导和专家指导，并引用了设备制造厂商部分技术资料，在此致以衷心感谢！

由于新技术不断发展，加之编写时间仓促，编者水平有限，书中难免有纰漏和不足之处，恳请各位专家同仁和读者批评指正。

编　者

2020 年 7 月

目录

目录

第一章 监控系统主要设备及仪器仪表

本章重点介绍智能变电站监控系统的整体架构、设备组成及主要功能。同时，针对智能变电站监控系统日常运维、调试中常用仪器仪表的使用方法进行详细说明。

第一节 监控系统结构与配置

智能变电站监控系统是基于监控主机和综合应用服务器，统一存储变电站模型、图形和操作记录、运行信息、告警信息和故障波形等历史数据，为各类应用提供数据查询和访问服务。智能变电站监控系统结构遵循 DL/T 860，如图 1–1 所示。

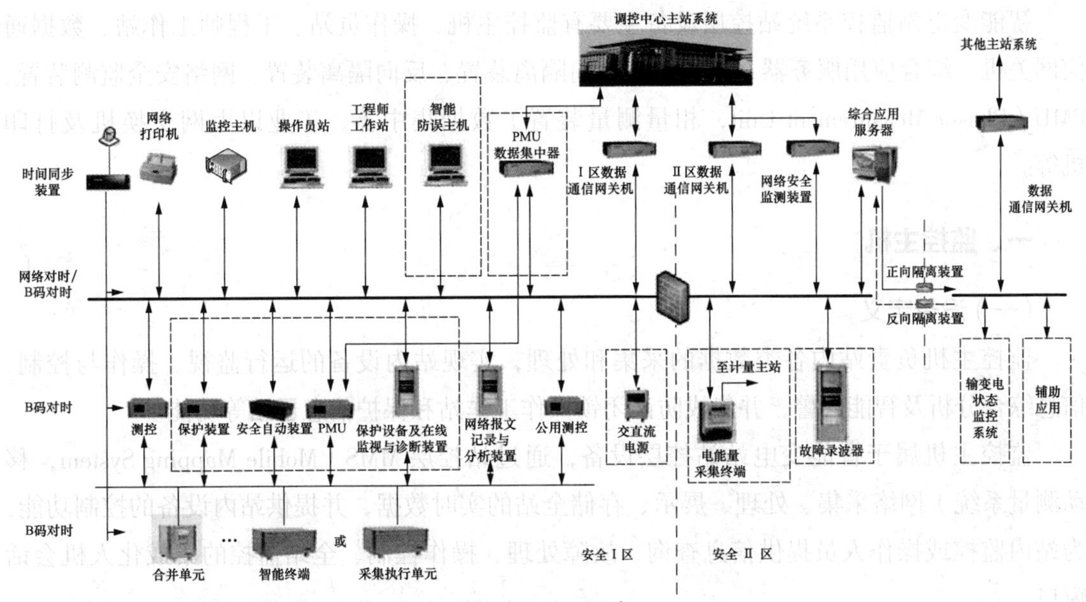

注：图中虚线框内设备为智能变电站一体化监控系统接入设备。

图 1–1 智能变电站监控系统架构图

在安全Ⅰ区中，监控主机采集电网运行和一、二次设备工况等实时数据，经过分析和处理后在操作员站上进行统一展示，实现实时监视和控制功能；Ⅰ区监控主机应具备完整的防误功能，可与站内独立配置的智能防误主机进行信息交互，实现防误校核双确认；Ⅰ区数据通信网关机通过直采直送的方式实现与调控中心的实时数据传输，并提供运行数据告警直传和远程浏览服务。

在安全Ⅱ区中，综合应用服务器经防火墙获取安全Ⅰ区的保护设备及在线监视与诊断装置的信息，并和故障录波器、智能辅控系统、输变电设备状态监测系统进行通信，实现对全站继电保护信息、一次设备监测信息、辅助设备专题信息等的综合分析和可视化展示。

当智能辅控系统、输变电设备状态监测系统采用综合数据网进行信息传输时，与Ⅱ区综合应用服务器之间应加装正反向隔离装置。

Ⅱ区数据通信网关机经过站控层网络从保护装置、综合应用服务器、故障录波器等获取数据、模型等信息，与调控中心进行信息交互，提供信息查询和远程调阅等服务，并上送全站二次设备运行、继电保护和故障录波等信息。

网络安全监测装置部署在安全Ⅱ区，获取服务器、工作站、交换机、安全防护设备的重要运行信息、安全告警信息等，实现数据采集、安全分析、告警、本地安全管理和告警上传。

第二节　站控层设备

智能变电站监控系统站控层设备主要有监控主机、操作员站、工程师工作站、数据通信网关机、综合应用服务器、防火墙、正向隔离装置、反向隔离装置、网络安全监测装置、PMU（Phasor Measurement Unit，相量测量装置）数据集中器、工业以太网交换机及打印机等。

一、监控主机

（一）设备定义

监控主机负责站内各类数据的采集和处理，实现站内设备的运行监视、操作与控制、信息综合分析及智能告警，并集成防误闭锁操作工作站和保护信息子站等功能。

监控主机属于智能变电站站控层设备，通过站控层 MMS（Mobile Mapping System，移动测量系统）网络采集、处理、展示、存储全站的实时数据，并提供站内设备的控制功能，为站内监控或操作人员提供信息查询、故障处理、操作控制、全站监控的集成化人机会话窗口。

（二）基本功能

监控主机具备站控层通信功能、采集站内遥信及遥测等数据、告警信息处理及推送、操作控制功能、一体化“五防”功能、时钟同步等功能。

1. 站控层通信功能

监控主机通过 DL/T 860 的 MMS 通信协议与间隔层设备通信，以客户端 / 服务器方式进行通信，其中监控主机作为客户端，间隔层设备（如保护装置、测控装置等）作为服务器。

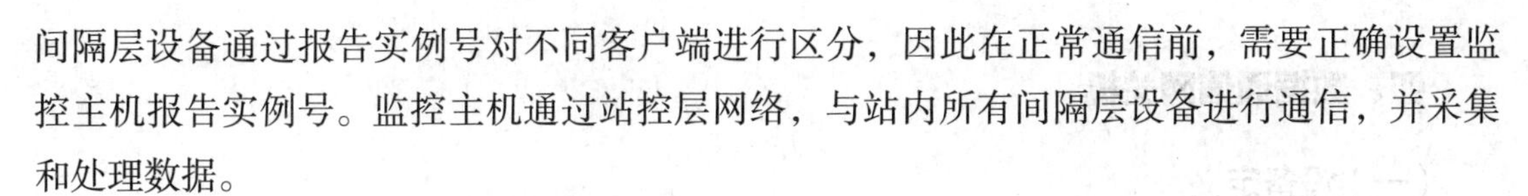

间隔层设备通过报告实例号对不同客户端进行区分，因此在正常通信前，需要正确设置监控主机报告实例号。监控主机通过站控层网络，与站内所有间隔层设备进行通信，并采集和处理数据。

2. 站内遥信、遥测等数据处理

监控主机实时采集站内遥信、遥测数据，实现对一、二次设备状态的监控。包括一次设备的位置信号和各类设备异常状态的采集；二次设备的故障、异常以及通信状态、动作情况的采集；站内各电压、电流的实时采集和功率、功率因数的计算及展示。

3. 告警信息处理及推送

监控主机采集站内的各类变位信息、SOE（Sequence of Event，事件顺序记录）信息及告警信息，记录其时标并存储。在站内设备发生异常或告警信息时，监控主机画面将点亮相应的告警指示和内容，并通过显著的标识、声音告警等提示值班人员；若发生站内一次设备故障，保护动作、开关跳闸等情况，监控主机还支持将故障设备的监控分画面自动推送并告警，确保值班人员第一时间掌握信息。

4. 操作控制功能

监控主机具备站内设备的遥控操作控制功能，包括断路器、隔离开关等一次设备的分、合闸控制；二次设备软压板的投退控制；变压器有载开关挡位调节控制等。其控制的路径为先由监控主机发出命令，通过站控层网络下达到间隔层设备（主要包括测控装置、保护装置等），再由间隔层设备进行处理和进行下一步执行。

5. 一体化“五防”功能

监控主机集成了一体化五防功能，当进行控制操作时，自动采集相关一次设备的位置信号，并通过逻辑计算结果判断是否允许此次操作。监控主机一体化“五防”逻辑应保证与间隔层设备的联闭锁逻辑一致，并保证其正确性。

6. 时钟同步功能

监控主机具备 SNTP（Simple Network Time Protocol，简单网络时间协议）对时功能，在变电站监控系统场景下，通常使用 SNTP 服务的单播模式，SNTP 客户端（监控主机）定期访问 SNTP 服务器（站内同步时钟装置充当 SNTP 服务器）获得准确的时间信息，用于调整客户端自身所在系统的时间，达到时间同步的目的。

二、操作员站

操作员站站内运行监控的主要人机界面，实现对全站一、二次设备的实时监视和操作控制，具有事件记录及报警状态显示和查询、设备状态和参数查询、操作控制等功能。

三、工程师站

工程师站实现智能变电站监控系统的配置、维护和管理。

四、数据通信网关机

（一）设备定义

智能变电站数据通信网关机是一种通信设备，能够按规约完成远动数据采集、处理、发送、接收以及输出、执行等功能。实现变电站与调度、生产等主站系统之间的通信，为主站系统实现变电站监视控制、信息查询和远程浏览等功能提供数据、模型和图形的传输服务。

（二）基本功能

数据通信网关机具备站控层通信、站内遥信及遥测等数据处理、主站 104 规约通信、操作控制和时钟同步等功能。

1. 站控层通信功能

数据通信网关机通过 DL/T 860 的 MMS 通信协议与间隔层设备通信，以客户端 / 服务器方式进行通信，其中数据通信网关机作为客户端，间隔层设备（如保护装置、测控装置等）作为服务器。间隔层设备通过报告实例号对不同客户端进行区分，因此在正常通信前，需要正确设置报告实例号。数据通信网关机通过站控层网络，与站内所有间隔层设备进行通信，并采集和处理数据。

2. 站内遥信、遥测等数据处理

数据通信网关机实时采集站内遥信、遥测数据，实现对一、二次设备的状态的监控。包括一次设备的位置信号和各类设备异常状态的采集；二次设备的故障、异常情况的采集；站内各电压、电流的实时采集和功率、功率因数的计算及上送。

3. 主站 104 规约通信功能

数据通信网关机根据 104 网络规约，将站内采集的数据，经过处理后上送至调度主站。104 通信也是客户端 / 服务器架构，基于 TCP/IP 协议，数据通信网关机在通信过程中为服务器，主站为客户端。为了确保通信过程的安全性和唯一性，需要定义调度主站的 IP 地址及网络端口号。104 规约的网络端口号固定为 2404。

4. 操作控制功能

数据通信网关机为调度主站提供远程的站内设备遥控操作控制功能，包括断路器、隔离开关等一次设备的分合闸控制；二次设备软压板的投退控制；变压器有载开关挡位调节控制等。其控制的路径为先由数据通信网关机发出命令，通过站控层网络下达到间隔层设备，再由间隔层设备进行处理和进行下一步执行。

5. 时钟同步功能

数据通信网关机具备 IRIG-B 码、SNTP 对时功能，SNTP 对时通常使用单播模式，SNTP 客户端（数据通信网关机）定期访问 SNTP 服务器（站内时钟同步装置）获得准确的时间信息，用于调整客户端自身所在系统的时间，达到时间同步的目的。

五、综合应用服务器

接收全站设备运行工况和异常告警信息、二次设备运行数据、故障录波及继电保护专业分析和运行管理信息、设备基础档案和台账信息等，进行集中处理、存储、分析和展示等。综合应用服务器宜采用成熟商用关系数据库、实时数据库和时间序列数据库，支持多用户并发访问。

六、防火墙

实现站内安全Ⅰ区和安全Ⅱ区设备之间的数据通信隔离。

七、正反向隔离装置

实现安全Ⅱ区综合应用服务器与智能辅控系统、输变电设备状态监测系统的数据单向传输。

八、网络安全监测装置

实现服务器、工作站、网络设备及安全防护等设备运行信息和网络安全监测数据的采集、安全分析与告警、本地安全管理和告警上传等功能。

第三节　间隔层设备

智能变电站监控系统间隔层设备主要有测控装置、网络报文记录及分析装置等。

一、测控装置

（一）设备定义

测控装置可实时采集、处理、传输一次设备传感器数据，接收外部操作命令对断路器等一次设备进行实时操作控制，并实现“五防”闭锁、同期检测等功能，应遵循Q/GDW 10427—2017《变电站测控装置技术规范》的规定。

（二）基本功能

测控装置具备交流电气量采集、状态量采集、GOOSE 模拟量采集（直流量、挡位等）、控制、同期、防误逻辑闭锁、记录存储（SOE 记录、操作记录、告警记录等）、通信、对时（支持 B 码对时）和运行状态监测管理（检修状态、装置自检等）等功能。

1. 交流电气量采集功能

测控装置可完成电压、电流、有功功率、无功功率、功率因数和频率等电气量的计算；可根据三相电压计算零序电压功能和采集外接零序电压；具备零值死区和变化死区的设置功能，通过装置参数方式进行死区整定，不使用模型中的配置。

2. 状态量采集功能

测控装置具备 SOE 功能；状态量输入信号为 GOOSE 报文时，遥信数据带品质位；具备双位置信号输入功能，支持采集断路器的分相合、分位置和总合、总分位置。

3. 控制功能

测控装置的控制信号既包含 GOOSE 报文输出，也包含硬接点输出。断路器、隔离开关的分合闸、变压器的档位调节、软压板的控制采用选择、返校、执行方式；具备控制命令校核、逻辑闭锁及强制解锁功能；控制脉冲宽度可调；具备生成控制操作记录功能，记录内容包含命令来源、操作时间、操作结果、失败原因等；当测控装置处于检修状态时，闭锁远方遥控命令，响应装置人机界面的控制命令，硬接点正常输出，GOOSE 报文输出置检修位。

4. 同期功能

测控装置对断路器的控制具备检同期合闸功能：能够自动捕捉同期点，同期导前时间可设置；具备电压差、相角差、频率差和滑差闭锁功能，阈值可设定；具备相位、幅值补偿功能；具备有压、无压判断功能，有压、无压阈值可设定；具备检同期、检无压、强制合闸方式等功能，收到对应的合闸命令后不能自动转换合闸方式；合并单元采样值置检修品质而测控装置未置检修时，闭锁同期功能。

5. 防误逻辑闭锁功能

测控装置实现本间隔闭锁和全站跨间隔联闭锁：具备存储防误闭锁逻辑功能，该规则和站控层防误闭锁逻辑规则一致；联锁状态下，装置进行的控制操作必须满足防误闭锁条件；间隔间传输的联锁、闭锁 GOOSE 报文带品质传输，联锁、闭锁信息的品质统一由接收端判断处理，品质无效时判断逻辑校验不通过；当间隔间由于网络中断、报文无效等原因不能有效获取相关信息，或其他间隔测控装置发送的联锁、闭锁数据置检修状态且本装置未置检修状态时，判断逻辑校验不通过。

二、网络报文记录及分析装置

测控装置通过网络方式或点对点方式接收 MMS 报文、SV 报文和 GOOSE 报文，并支持对报文进行分析、统计和展示，应遵循 Q/GDW 10715—2016《智能变电站网络报文记录及分析装置技术规范》的规定。

第四节 过程层设备

智能变电站监控系统过程层设备主要有合并单元、智能终端或合并单元智能终端集成装置等。

一、合并单元

（一）设备定义

合并单元作为电流、电压互感器和保护、测控装置的中间接口，完成同步采集电流和电压信号，输出数字信息到保护、测控和计量等装置。

（二）基本功能

合并单元应具备采集电压、电流瞬时数据、采样值有效性处理、采样值输出、时钟同步及守时、电压并列和切换、设备自检及指示等功能。

1. 采集电压、电流瞬时数据

合并单元应能汇集（或合并）电子式电压互感器、电流互感器输出的数字量信号，也可汇集并采样传统电压互感器、电流互感器输出的模拟信号或者电子式互感器输出的模拟小信号，并进行传输。模拟式输入合并单元应至少支持 12 路传统互感器模拟信号接入，数字量输入合并单元应能接收至少 6 路电子式互感器的采样信号。

2. 采样值有效性处理

合并单元能对电子式互感器采样值品质、接收数据周期等异常事件进行判别并记录；若采用同步法同步时，还应对同步状态、报文错序进行判别和记录。另外，按间隔配置的合并单元应具有数据级联功能，能接收来自其他间隔合并单元的电压数据，能对级联输入的采样值有效性进行判别，并对采样值的失步、无效、检修等事件进行记录。

3. 采样值输出

合并单元应至少支持 8 个采样值输出接口，能对采集的电压、电流数据或接受的采样值数据，经过有效性处理后，采用 DL/T 860.92—2016《电力自动化通信网络和系统　第 9–2 部分：特定通信服务映射（SCSM）——基于 ISO/IEC 8802—3 的采样值》规定的数据格式输出，且保证装置在复位启动过程中应不误输出数据；在电源中断、装置电源电压异常、采集单元异常、通信中断、通信异常和装置内部异常等情况下，不误输出数据。采样值报文从接收端口输入至输出端口输出的总延时应不大于 1ms；级联合并单元采样响应延时应不大于 2ms；采样值发送的间隔离散值应不大于 10μs（采样频率 4kHz）。

4. 时钟同步及守时

合并单元能实现同一间隔内的电压和电流量的数据同步、关联多间隔之间的数据同步、关联变电站间的数据同步和广域大电网全系统范围内的数据同步。能接收外部时钟的同步信号，对时精度应小于 1μs，且具备守时功能。在失去同步时钟信号 10min 以内的守时误差应小于 4μs；在失去同步时钟信号且超出守时范围的情况下产生数据同步无效标志。

5. 电压并列和切换

对于接入了两段及以上母线电压的合并单元，应根据采集的断路器位置信息，实现电压并列。对于接入了两段母线电压的按间隔配置的合并单元，应根据采集的隔离开关位置信息自动进行电压切换；在电压并列和切换过程中不应出现通信中断、丢包、品质输出异常等现象。

6. 设备自检及指示

合并单元应具有完善的自检功能，保证在电源中断、电压异常、采集单元异常、通信中断、通信异常、装置内部异常情况下不误输出。合并单元应能够输出各种异常信号和自检信息。

7. 其他功能

合并单元应配置装置检修压板，当检修压板投入时，所有发送的数据通道均应带检修标记。对于级联的数据，如果间隔检修时，级联数据置检修；间隔没有检修时，级联数据的检修与母线合并单元一致。另外，合并单元实时监视光纤通道接收到的光信号强度，并在光功率异常时告警。

二、智能终端

（一）设备定义

智能终端是一种智能组件，位于智能变电站过程层，与一次设备采用电缆连接。与保护、测控等二次设备采用光纤连接。实现对一次设备（如断路器、隔离开关、主变压器等）的测量、控制等功能。

（二）基本功能

（1）采集断路器、隔离开关位置等一次设备的位置信息，以 GOOSE 通信方式上送给保护、测控等二次设备。

（2）接收和处理保护、测控装置下发的 GOOSE 命令，对断路器、隔离开关和接地开关等一次开关设备进行分合操作。

（3）断路器手跳、手合和直跳功能。

（4）控制回路断线监视功能，实时监视断路器跳合闸回路的完好性。

（5）闭锁重合闸功能：根据遥跳、遥合、手跳、手合、非电量跳闸、保护永跳、GOOSE 闭锁重合闸命令、闭锁重合闸开入等信号合成闭锁重合闸信号，并通过 GOOSE 通信上送给保护装置。

（6）环境温度和湿度的测量功能。

三、合并单元智能终端集成装置

合并单元智能终端集成装置与一次设备采用电缆连接，对来自一次设备的模拟信号及状态信号进行采集处理，输出数字信息给测控和计量等装置，并实现对一次设备的测量、控制等功能。

第五节 其他设备

智能变电站监控系统其他设备主要包含交换机、时间同步装置、电力调度数据网接入设备、电力专用纵向加密认证装置等设备。

一、交换机

交换机是一种网络通信设备，主要部署在变电站站控层和过程层。站控层交换机主要连接站控层设备和间隔层设备，用于传输 MMS、SNTP 等报文，过程层交换机主要连接过程层设备和间隔层设备，用于传输 GOOSE（Generic Object Oriented Substation Event，面向通用对象的变电站事件）、SV（Sampled Value，采样值）报文。交换机的主要配置包括：参数、VLAN（Virtual Local Area Network，虚拟局域网）以及镜像配置。VLAN 配置主要用于过程层交换机，镜像配置主要用于站控层交换机。

二、时间同步装置

智能变电站应配置一套时间同步系统，时间同步系统由主时钟和时钟扩展装置组成。主时钟应双重化配置，支持北斗导航系统（BeiDou Navigation Satellite System，BDS）、全球定位系统（Global Positioning System，GPS）和地面授时信号，优先采用北斗导航系统，主时钟同步精度 1μs，守时精度优于 1μs/h（1h 以上）。时钟扩展装置数量则按工程实际需求确定。站控层设备采用 SNTP 对时方式；间隔层和过程层设备采用 IRIG-B、1PPS 对时方式。

三、电力调度数据网接入设备

变电站电力调度数据网接入设备由路由器、交换机等设备组成，是变电站业务的接入网络，实现质量保证和访问控制。其接入节点由直接面向终端用户的网络节点组成，允许终端用户连接或访问到网络。

四、电力专用纵向加密认证装置

纵向加密认证装置部署于电力监控系统的内部局域网与电力调度数据网的路由器之间，用于安全区Ⅰ/Ⅱ的广域网边界防护，在为安全区Ⅰ/Ⅱ提供一个网络屏障的同时也为上下级控制系统之间的广域网通信提供认证与加密服务，实现数据传输的机密性、完整性保护。

第六节 仪器仪表介绍

与常规变电站相比，智能变电站二次设备采用数字化通信方式，仅采用传统测试工具无法满足智能变电站二次设备检修的需求。本节主要介绍光纤测试仪、合并单元测试仪、手持式光数字测试仪等仪器仪表在智能站监控系统中的应用。

一、光纤测试仪

（一）硬件介绍

设备外观见图 1–2。

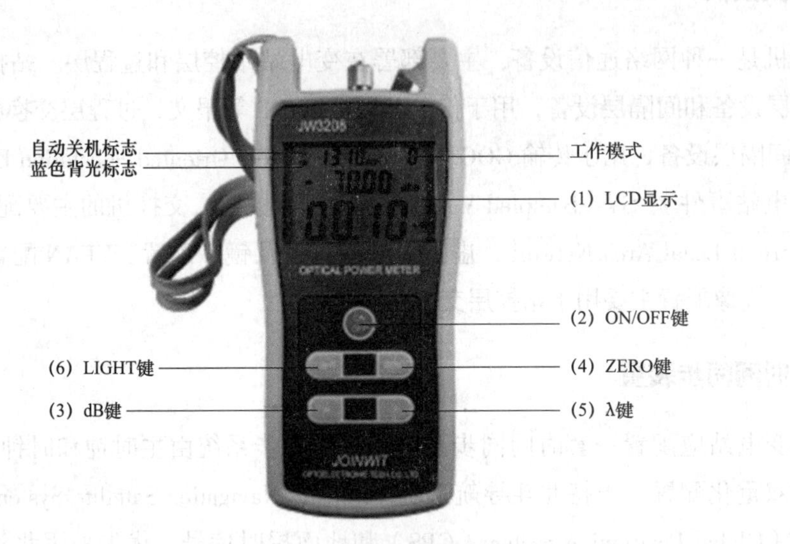

图 1–2　光纤测试仪控制面板图

1. LCD 显示屏

LCD 显示屏主要显示所测定的给定波长下的光功率值（单位可以是 dB、dBm、mW、μW、nW 等），显示测试光纤的波长（可通过 λ 键进行选择），光功率计当前的工作状态等。

2. ON/OFF 键

按 ON/OFF 键至液晶有显示即可启动，同时在开机状态下按下该键即可关机（须在开机 1s 后）。

3. dB 键

在设定波长下，进行光功率值的相对测量。

4. ZERO 键

按动该键，进行光功率计的自调零。

5. λ 键

按动该键，可以选择不同的波长，有 850、980、1300、1310、149、1550nm 波长供选择，该值也将在 LCD 上显示。

6. LIGHT 键

按动该键可以选择打开和关闭液晶的背光。

（二）使用说明

1. 光功率测量

（1）按住表面板上的 ON/OFF 键，LCD 有显示，开机完毕。

（2）通过 λ 键选择和设定测量波长，缺省设置为 1310nm。

（3）接入被测光，屏幕显示为当前测量值，包括绝对功率的线性和非线性值。

2. 光纤损耗测量

（1）设定基准（参考）值：

1）打开光功率计，通过 λ 键来选择正确的工作波长；

2）打开光源（发射源），选择正确的波长并使其稳定（该过程大约需要 1~2min）；

3）选择一根用来连接光源的光纤跳线，也称为发射源跳线，清洁发射源跳线的连接器。（注意：发射源跳线所使用的光纤必须与被测光纤链路所使用的光纤相同。）

4）用发射源跳线将光源（发射源）与光功率计相连；

5）得到此时测得的光功率值；

6）按光功率计的 dB 键，此时 dB 读数为 0.00，同时将所测的光功率值设置成为基准（参考）值。

（2）光纤链路损耗测量：

1）保持发射源跳线与光源（发射源）的连接；

2）把光源（发射源）分别和需要测量的光纤链路进行连接。

此时显示的读数就是被测光纤链路的损耗，单位为 dB（同时以 dBm 方式显示当前的绝对光功率值）。

二、合并单元测试仪

（一）硬件介绍

合并单元是智能变电站数字量采集的关键设备，其准确度决定了保护、测控等智能二次设备工作的准确性。对合并单元准确度进行测试的仪器是合并单元测试仪。其前面板（ONLLY-M783）如图 1-3 所示，各区域的说明如下。

1. Binary Input 开入量

8 对开入量（A、B、C、R、a、b、c、r）可接空节点和带电位节点（0~250V）。

2. 开入量 A、B、C、a、b、c 及黑色公共端控制开关

切换开关：当绿灯亮时，表示 6 个黑色公共端之间是相互隔离的；

切换开关：当红灯亮时，表示 6 个黑色公共端之间是导通的，只需接其中任意一个即可。

图 1-3　合并单元测试仪前面板（ONLLY-M783）

3. AUXDC 100mA

AUXDC 辅助直流输出电压（12V 左右）可作为快速开出量 4′ 的内部直流供电电源，限流为 100mA。

4. Binary Output 开出量

4 对通用开出量（1、2、3、4）是由继电器控制的开出量，为空节点；2 对快速开出量（3′、4′）是由光耦控制的开出量，反应时间 <10μs。快速开出量 3′ 可以控制 5~220V 的电平信号，但流经光电耦合器的电流不应大于 30mA，反向电压不应大于 6V。快速开出量 4′ 可以输出或控制 12~48V 的电平信号，使用时需要与面板上的 AUXDC（100mA）配合。开出量断开、闭合的状态切换由软件控制。

5. RUN 程序运行灯

6. 键盘区

（1）1、2、3、4、5、6、7、8、9、0、·：数字输入键。

（2）+、-：数字输入键，作“+”“-”号用。

（3）←：退格键，用于数字输入时，退格删除前一个字符。

（4）Enter：确认键。

（5）←、→：左、右光标移动键。

（6）↑、↓：可作为试验时增加、减小控制键使用，详见相应的测试软件。

（7）Esc：取消键。

（8）Tab：右光标移动键。

（9）F5：可作为轻 / 重载切换键。

（10）F10：“结束试验”快捷键。

（11）Start：“开始试验”快捷键。

（12）Help、PgUp、PgDn、F8：为预留按键，暂未定义使用。

7. 10.4 寸触摸屏

用于显示和操作测试仪。

合并单元测试仪上盖板如图 1–4 所示，各区域的说明如下。

图 1–4　合并单元测试仪上盖板

1. VOLTAGE 电压输出端口

Ua、Ub、Uc、Ux 为内部功放电压输出端口，Un 为电压接地端子；Ma、Mb、Mc 为小信号电压输出端口，Mn 为电压接地端子。

2. CURRENT 电流输出端口

Ia、Ib、Ic 为内部功放电流输出端口，In 为电流接地端子；I1，I2 为预留端子。

3. ANALOG INPUT 模拟量输入

SIa、SIb、SIc 电流采样输入端口，SUa、SUb、SUc 电压采样输入端口，SU1、SU2 模拟小信号输入端口。

4. FIBER INPUT 光纤输入

（1）SV IN：SMV 光网口输入（可任意接收 9–1/9–2 的 SMV 或 GOOSE 报文），1 对，标准 LC 接口。

（2）FT3 IN1、FT3 IN2：FT3 光串口输入（接收 FT3 报文），2 个，标准 ST 接口。

（3）PPS (STD) IN1：标准 PPS 同步脉冲输入光串口，1 个，标准 ST 接口。

（4）PPS IN2：被测合并单元 PPS 同步脉冲输入光串口，1 个，标准 ST 接口。

5. FIBER OUTPUT 光纤输出

（1）SV OUT1、SV OUT2：SMV 光网口输出（可任意收发 9–1/9–2 的 SMV 或 GOOSE 报文），2 对，标准 LC 接口。

（2）FT3 OUT1、FT3 OUT2、FT3 OUT3：FT3 光串口输出（发送 FT3 报文），3 个，标准

ST 接口。

6. 同步接口（SYN）与无线 Wi-Fi

（1）GPS-ANT：GPS 同步接口，接收天线装置（SMA 头）。

（2）Wi-Fi RST：无线 Wi-Fi 复位按钮。

（3）Wi-Fi PWR：无线 Wi-Fi 开关按钮，ON 表示开启无线 Wi-Fi；OFF 表示关闭无线 Wi-Fi。

（4）电 B 码接口：电 B 码对时接口，TX 为电 B 码发送端口，RX 为电 B 码接收端口，接口类型凤凰端子。

（5）光 B 码接口：光 B 码对时接口，TX 为光 B 码发送端口，RX 为光 B 码接收端口，接口类型 ST 接口。

（6）IEEE 1588 接口：1588 对时接口，接口类型为 LC 接口。

（7）指示灯：

1）RUN—程序运行灯；

2）PPS—秒脉冲信号灯，当对时成功后，收到 PPS 信号，则 PPS 灯一秒闪烁一次；

3）PPM—分脉冲信号灯，当对时成功后，收到 PPM 信号，则 PPM 灯会闪烁一次；

4）ACT IEEE-1588：1588 对时信号灯，收到信号则点亮并闪烁；

5）RX IRIG-B: 光 B 码接收信号灯，收到光 B 码信号则常亮；

6）TX IRIG-B: 光 B 码输出信号灯，输出光 B 码信号则点亮并闪烁。

7. LAN

以太网通信接口，用于与外接 PC 机通信，联机操作。

8. VGA

外接显示屏接口。

9. USB 接口

4 个，用于外接 USB 设备。

10. RST

工控机复位开关 Reset，用于复位工控机。

（二）使用说明

将测试仪配置为信号源（也可采用外部标准源）输出时，其测试系统功能配置图如图 1-5 所示。

通过光纤口读取合并单元内的信息，比较装置输出值与合并单元内部显示值之间的偏差，通过偏差来判定合并单元输出是否正常。在合并单元内写入对应的 SCD（Substation Configuration Description，全站系统配置文件）文件，进行全站内合并单元的统一测试，测试完成后生成试验报告。同时通过合并单元测试仪向合并单元发送时间同步命令，此时部分合并单元与测试仪之间需进行时间同步。

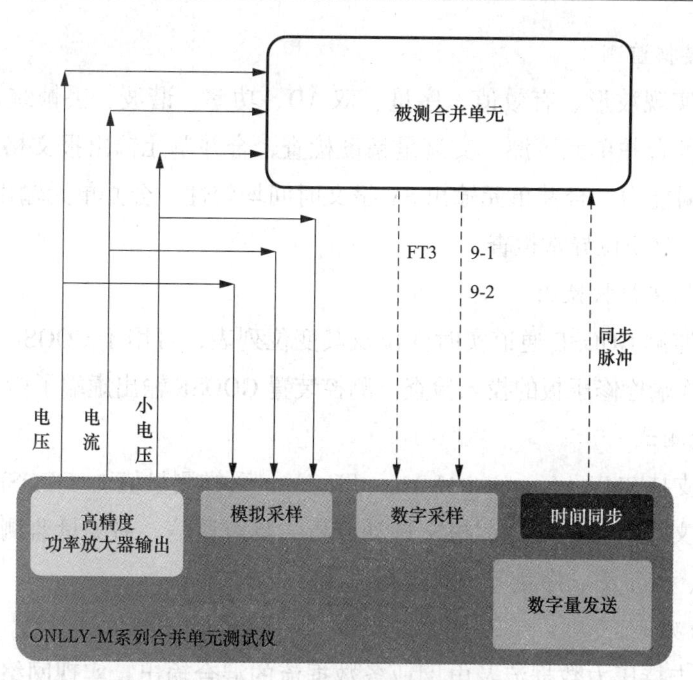

图 1–5 测试系统功能配置图

三、手持式光数字测试仪

（一）硬件介绍

手持式光数字测试仪是智能二次设备调试的重要工具，如图 1–6 和图 1–7 所示，主要功能如下。

图 1–6 DM5000E 手持式光数字测试仪

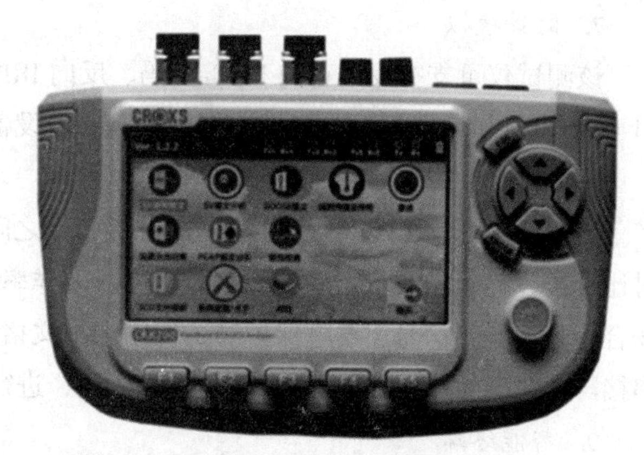

图 1–7 CRX200 手持式光数字测试仪

1. 电压源电流源

该测试仪支持给保护、测控、计量等装置施加电压、电流，测试保护 / 测控 IED 报文解析、通道配置、通信配置是否正确，适用于现场调试、系统联调、故障检修。

2. SV 报文接收监测

该测试仪可实现波形、有效值、序量、双 AD、功率、谐波、丢帧统计和离散度等分析。可用于保护及合并单元零漂、交流量精度检查，合并单元输出报文格式、合并单元延时、合并单元守时能力、合并单元输出 SV 报文时间均匀性、合并单元输出 SV 报文及是否存在丢帧、失步、品质位异常检查。

3. GOOSE 报文接收监测

该测试仪可监测 GOOSE 通道实时变位及其变位列表，可用于 GOOSE 发送机制测试及测控装置、智能终端检修压板的投入检查，测控装置 GOOSE 输出虚端子检查等。

4. 监控功能测试

该测试仪可支持 SMV（Sampled Measured Value，采样测量值）、GOOSE 及 IEEE1588 报文监测，可对报文进行丢帧统计、报文抖动分析，具有遥信、遥测量监测功能。遥测量可采用表格、波形、矢量图、序量等方式进行监测。

5. 网络压力测试

该测试仪可支持压力数据流及电网业务数据流的混合输出，实现网络压力条件下保护动作特性的测试，主要用于对 IED（Intelligent Electronic Device，智能电子设备）设备进行全面的网络压力测试，验证 IED 设备的网络性能指标是否满足电网安全稳定运行要求。

6. GOOOSE 排查

该测试仪可接收所有 GOOSE 报文变位信号，显示通道描述、值变化及变位时间，支持现场 GOOSE 信号排查功能，可接入网络，实现试验时排查误变位、漏变位的 GOOSE 信号或控制块。

7. 时钟模拟

该测试仪可支持发送正向 IRIG-B 码、反向 IRIG-B 码、正向 PPS 码、反向 PPS 码，可用于给 IED 授时，在没有对时信号时，实现一台设备测试合并单元传输延时。

8. 串接侦听

该测试仪可串接入待测信号发送端和接收端之间，选择待测 SV、GOOSE 信号进行同步对比分析，检查品质位，检修位、同步位、采样率、合并单元延时等信息。在某些不确定场合，验证合并信号、继电保护测试仪输出报文格式和信号是否正确，接线是否正确，可串接与合并单元与测控、测控与智能终端之间，进行信号同步对比分析。

9. 智能终端

该测试仪可测试智能终端的响应时间，支持智能终端硬接点转 GOOSE 报文、GOOSE 报文转硬接点，以及跳、合闸 GOOSE 报文转开关位置变化 GOOSE 报文的响应时间测试。

10. 光功率

该测试仪中的光以太网口的光发送及接收功率测试，可用于光纤链路检查，在光纤链路的发送端接收校验有无信号，在光纤链路的接收端发送相应的 SV 或 GOOSE 信号，测量光信号、光功率，定位光纤链路故障等。可实现测控至合并单元，测控至智能终端，合并单元至交换机，交换机至网络记录分析装置光纤链路检查等。

（二）使用说明

（1）打开装置开关。

（2）通过外部卡片导入 SCD 文件。

（3）与被测设备进行连接（可以连接测控、保护、间隔交换机端口等）。

（4）模拟智能终端、合并单元向测控装置发送 GOOSE 报文或 SMV 报文，或检查合并单元发出的 SMV 报文是否正常，智能终端发出的 GOOSE 报文是否正常，通过相关按键进行选择。

（5）分析得到的信息是否正常。

智能变电站监控系统
主要设备功能介绍

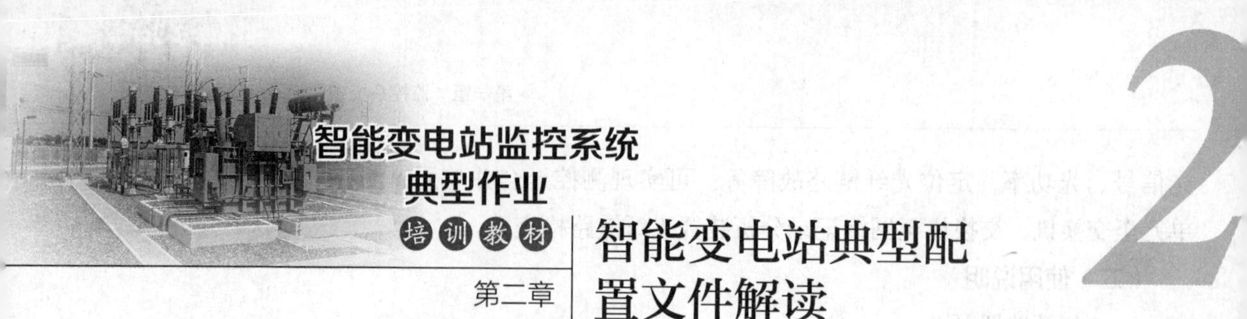

第二章

智能变电站典型配置文件解读

本章详细解读智能变电站监控系统有关配置文件，主要包括 SCD 文件和实例化配置文件等。通过学习，作业人员能熟悉智能变电站监控系统各种典型配置文件，掌握配置方法及参数设置等内容。通过案例分析，加深对智能变电站配置文件的理解。

第一节 SCD 配置文件解读

本节以南瑞继保 PCS-SCD 工具为例，介绍 SCD 配置工具运行界面及 SCD 配置工具功能。

一、SCD 文件组成

SCD 文件的五大基本组成部分，如图 2-1 所示。

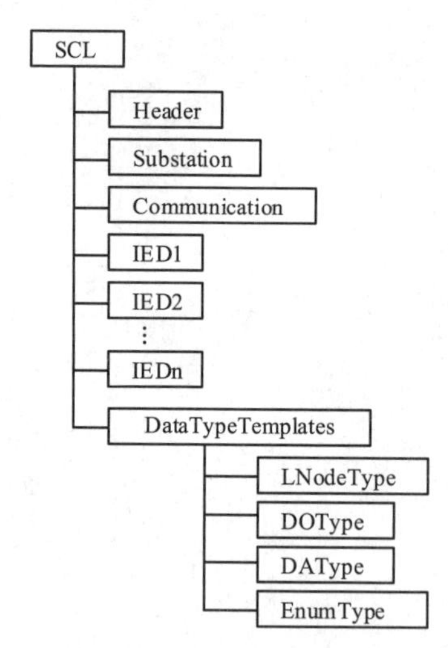

图 2-1 SCD 文件结构图

Header：主要描述 SCL 配置文件和版本，包含历史修订信息；

Substation：主要描述全站一次设备及拓扑结构，以及变电站自动化系统功能（逻辑节点）的关系；

Communication：包含过程层网络、站控层网络配置，包含 IP 地址，GOOSE 网 VLAN 划分及物理地址等；

IED：包含全站 IED，以及全部间隔层 IED 的过程层接口逻辑设备的完整内容；

DataTemplate：包含全站 IED 的逻辑设备相关的逻辑节点（Logic Node，LN）、数据对象（Data Object，DO）和数据属性（Data Attribute，DA）的枚举数据（ENUM）定义。

二、配置工具及功能

1. PCS-SCD 工具简介

正常打开 PCS-SCD 软件，则进入如图 2-2 所示。

图 2-2　PCS-SCD 界面

菜单栏有“文件”“插件”“联锁”“工具”“窗口”“帮助”等选项；“文件”下拉菜单中，主要有“新建”“打开”“关闭”“保存”“另存为”“最近打开的文件”“退出”等选项，如图 2-3 所示。点击“新建”可以新创建一个 *.SCD 文件，点击“打开”可以打开一个已创建的 *.SCD 文件，点击“关闭”可以关闭打开的 *.SCD 文件，点击“保存”可以保存目前正在编辑的 *.SCD 文件，点击“另存为”可以将正在编辑的 *.SCD 文件另存到一指定目录下，点击“最近打开的文件”可以快速打开作业人员最近在该软件上编辑过的 *.SCD 文件，点击“退出”直接退出 PCS-SCD 软件工具。

新建一个 *.SCD 文件后，在左侧 SCL 树中可看见 SCD 文件的五大部分，分别是修订历史（Header）、变电站（Substation）、通信（Communication）、装置（IED）、数据类型模板（Data Template），如图 2-4 所示。

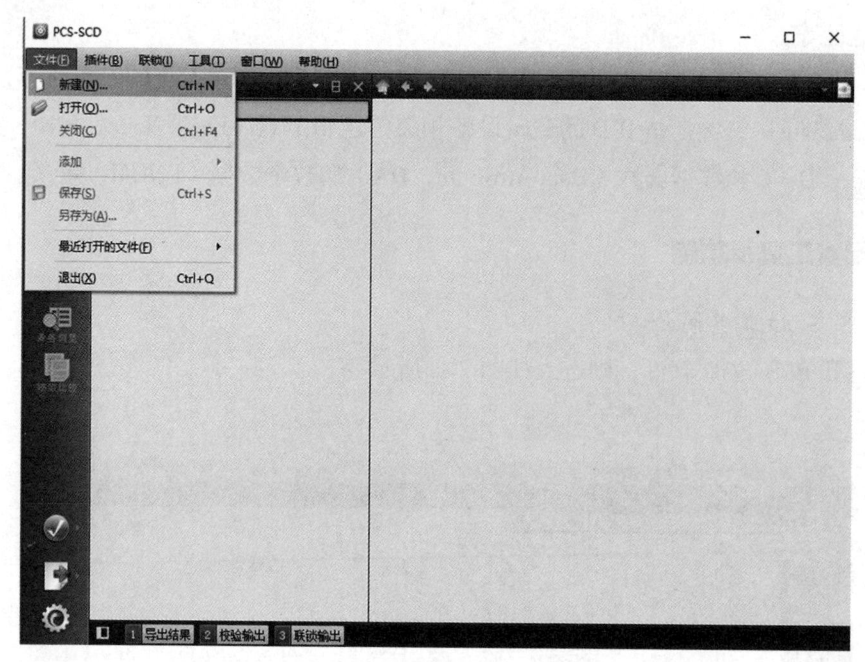

图 2-3 “文件”下拉菜单

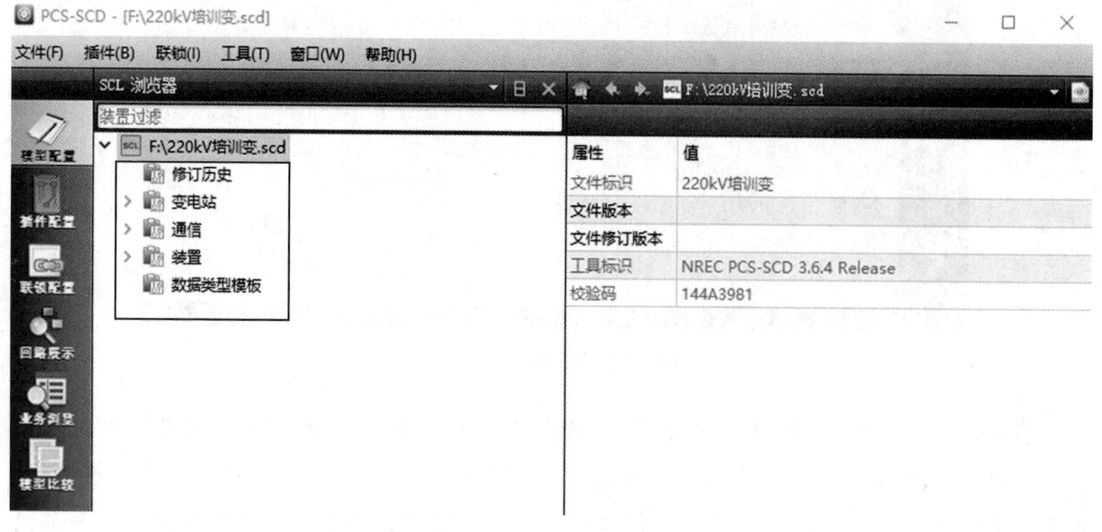

图 2-4 SCD 文件结构

2. PCS-SCD 主要功能简介

PCS-SCD 工具软件主要有以下 8 个功能，分别是：

1）IED 能力描述（IED Capability Description，ICD）文件导入；

2）控制块发送设置检查；

3）通信参数设置；

4）虚端子 GOOSE、SV 连线配置；

5）光口配置；

6）联锁配置；

7）语法语义校验；

8）导出配置。

三、SCD 文件解读

SCD 配置文件主要包括 Header、Substation、Communication、IED 和 DataTemplate 五部分内容。

1. <Header>

该部分用于标识一个 SCD 配置文件及其版本，包含配置文件修订的历史信息。作业人员修改变电站内有关 SCD 配置文件后，点击“修订历史”，在右侧编辑窗口，右击选择“新建”，或者直接点击右侧菜单栏“新建”，填写配置文件原版本、修订版本、修改时间、修改人、修改内容、修改原因，如图 2–5 所示。

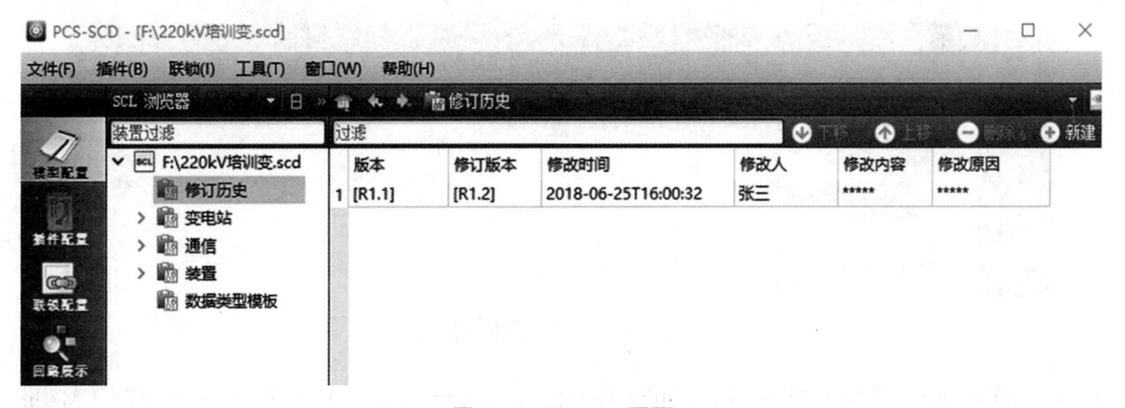

图 2–5　Header 页面

2. <Substation>

Substation 部分从功能的角度描述开关场的导电设备、基于电气接线图的连接（拓扑）关系，是基于变电站功能结构的对象分层。其主要包括的对象模型有变电站（Substation）、电压等级（VoltageLevel）、变压器（Transformer）、间隔（Bay）、设备（Equipment）、子设备（SubEquipment）、功能（Function）、连接节点（ConnectivityNode）、端点（Terminal）和逻辑节点（LNode）等。

3. <Communication>

主要包含 IED 的通信参数配置信息，例如 MMS 通信网络定义，GOOSE 通信网络定义，SV 通信网络定义等。如图 2–6 所示，在左侧结构化控制语言（Structured Control Language，SCL）树点击“通信”，右侧编辑窗口可以看到变电站的通信子网信息，一般站控层至少包括一个类型为“8–MMS”的 MMS 通信子网，过程层采用 GOOSE 通信配置，还应包含一个类型为“IECGOOSE”的 GOOSE 通信子网。

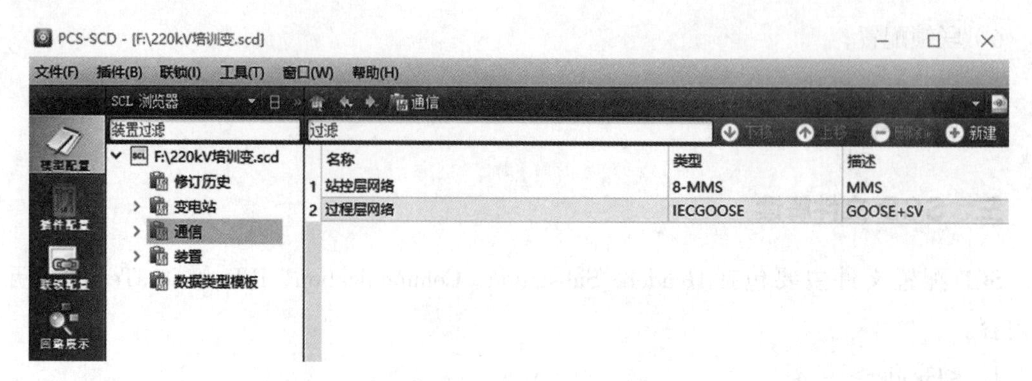

图 2-6　Communication 页面

MMS 通信子网主要包含装置的网络地址信息，最主要的是 IP 地址和子网掩码，IP 地址应全站唯一，如图 2-7 所示。

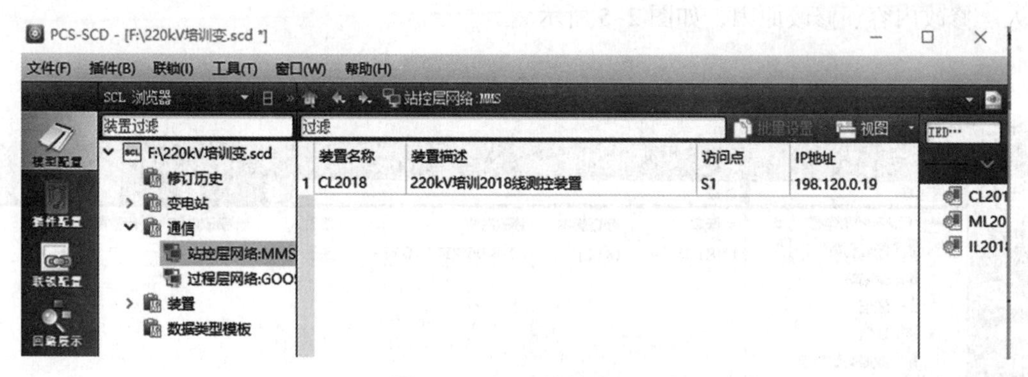

图 2-7　MMS 通信子网

GOOSE 通信子网主要包括装置的 GOOSE 通信参数配置，包括介质访问控制（Media Access Control，MAC）组播地址、VLAN 标识（VLAN Identification，VLAN-ID）、VLAN 优先级和应用标识（Application Identification，APPID）等，组播地址和 APPID 应全站唯一，GOOSE 控制块的 APPID 范围为 0x0000~0x3FFF，SV 控制块的 APPID 范围为 0x4000~0x7FFF，如图 2-8、图 2-9 所示。

PCS-SCD - [F:\01.检修公司\01.2018自动化培训\01.自动化厂家资料\南瑞继保\NR：SCD备份\220kV竞赛变SCD\220kV培训变.scd]

过程层网络:GOOSE+SV

	装置名称	装置描述	访问点	逻辑设备	控制块	组播地址	VLAN标识	VLAN优先级	应用标识	最小值
1	CL2018	220kV培训2018线测控	G1	PIGO	gocb1	01-0C-CD-01-00-01	000	4	1001	2
2	CL2018	220kV培训2018线测控	G1	PIGO	gocb2	01-0C-CD-01-00-02	000	4	1002	2
3	ML2018	220kV培训2018线合并单元	G1	MUGO	gocb0	01-0C-CD-01-00-06	000	4	1006	2
4	IL2018	220kV培训2018线智能终端	G1	RPIT	gocb0	01-0C-CD-01-00-03	000	4	1003	2
5	IL2018	220kV培训2018线智能终端	G1	RPIT	gocb1	01-0C-CD-01-00-04	000	4	1004	2
6	IL2018	220kV培训2018线智能终端	G1	RPIT	gocb2	01-0C-CD-01-00-05	000	4	1005	2
7	CM2200	母联间隔	G1	PIGO	gocb1	01-0C-CD-01-00-07	000	4	1007	2
8	CM2200	母联间隔	G1	PIGO	gocb2	01-0C-CD-01-00-08	000	4	1008	2

图 2-8　GOOSE 通信参数

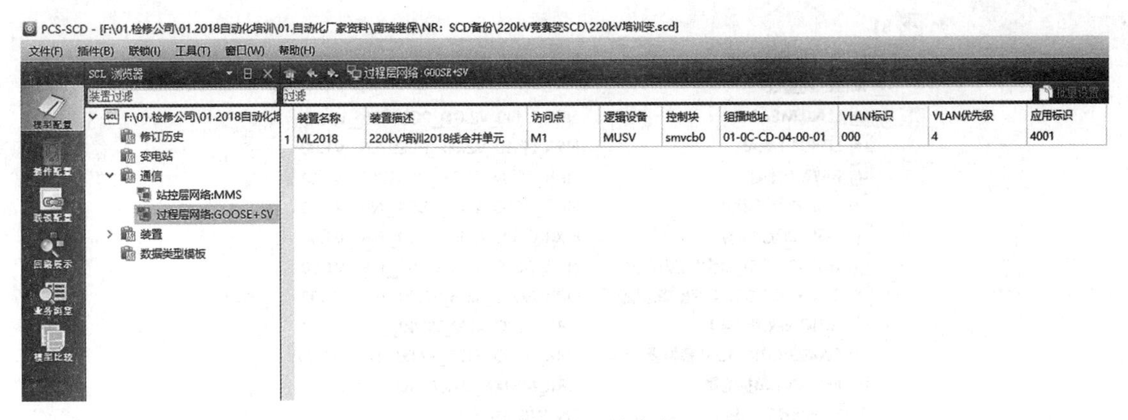

图 2–9　SV 通信参数

4. <IED>

<IED> 部分包含全站 IED，以及全部间隔层 IED 的过程层接口逻辑设备的完整内容；主要包括服务器、逻辑设备、逻辑节点、数据对象和数据属性等。图 2–10 是一个测控装置的 IED 部分内容，它拥有 S1（MMS 服务）、G1（GOOSE 服务）和 M1（SV 服务）三个访问点。每个访问点下还有对应的逻辑设备（Logic Device，LD）、LN、数据对象实例（DO Instantiation，DOI）、数据属性实例（DA Instantiation，DAI）等，如图 2–10 和图 2–11 所示。

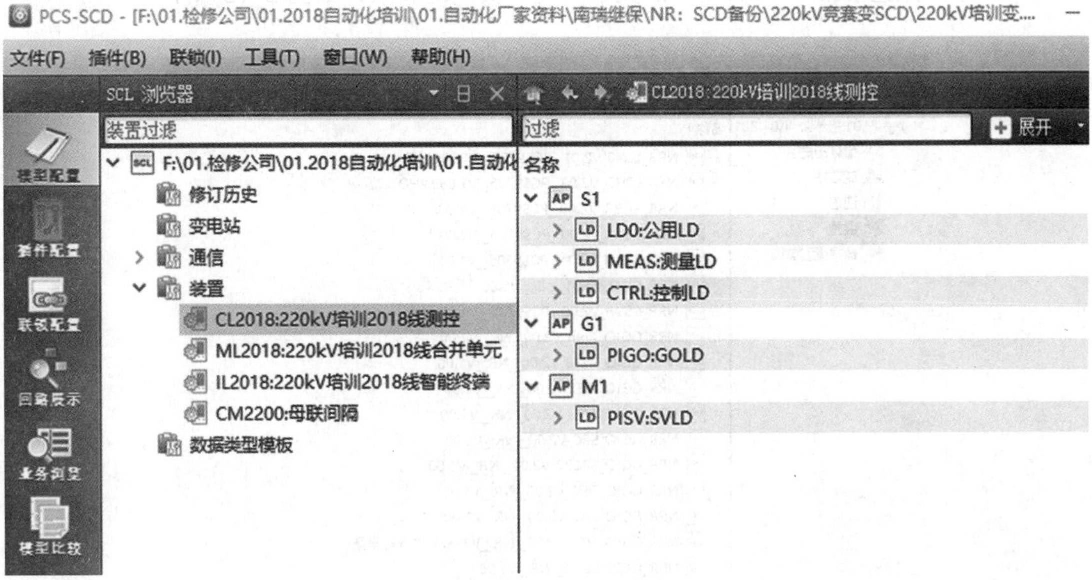

图 2–10　<IED> 页面

S1	
LD0:公用LD	
MEAS:测量LD	
LLN0:MEAS	NRR_LLN0_V2.01_PCS9705_V1.00
LPHD1:MEAS	NRR_LPHD_V2.00_PCS9705_V1.00
RSYN1:同期	NRR_RSYN_V2.01_PCS9705_V1.01
GGIO1:直流测量	NRR_GGIO_AnIn_V2.00_NR_V1.00
GGIO2:直流测量	NRR_GGIO_AnIn_V2.00_NR_V1.00
GGIO3:GOOSE浮点型模拟量	NRR_GGIO_AnIn_V2.00_NR_V1.00
GGIO4:GOOSE浮点型模拟量	NRR_GGIO_AnIn_V2.00_NR_V1.00
GGIO5:故障信号1	NRR_GGIO_ALM_V2.00_NR_V1.00
GAIGGIO1:GOOSE模拟量_INT	NRR_GGIO_INT8_V2.00_NR_V1.00
MMXN1:单相测量	NRR_MMXN_V2.00_NR_V1.00
Mod:Mode	CN_INC_Mod
Vol:同期测量电压一次值	CN_MV
mag	CN_AnalogueValue
units	CN_units
dU	Unicode255

图 2-11　测控装置的 <IED> 模型实例展开

5. <Data Type Template>

<Data Type Template> 主要描述可实例化的数据类型模板，包括逻辑节点类型 <LNodeType>、数据对象类型 <DOType>、数据属性类型 <DAType> 和枚举数据类型 <EnumType>。<IED> 部分的逻辑节点、数据对象、数据属性实例就是由 <Data Type Template> 实例化生成的，二者之间的关系是类和实例的关系，如图 2-12 所示。

图 2-12　<Data Type Template> 部分

逻辑节点类型 <LNodeType> 的 ID 属性是该逻辑节点的名字，lnclass 属性代表该逻辑节点是在哪一种兼容逻辑节点类的基础上扩充的。每个逻辑节点都由一系列数据对象 <DO> 组成，如图 2-13 所示。图 2-11 中线路测控展开的同期测量电压一次值，其所属的逻辑节点就是把 <Data Type Template> 部分中的逻辑节点类型 NRR_MMXN_V2.00_NR_V1.00，进行实例化为 MMXN1 得到的，MMXN1 中引用了 NRR_MMXN_V2.00_NR_V1.00 类型下的 Mod、Vol、Hz 三个数据对象。

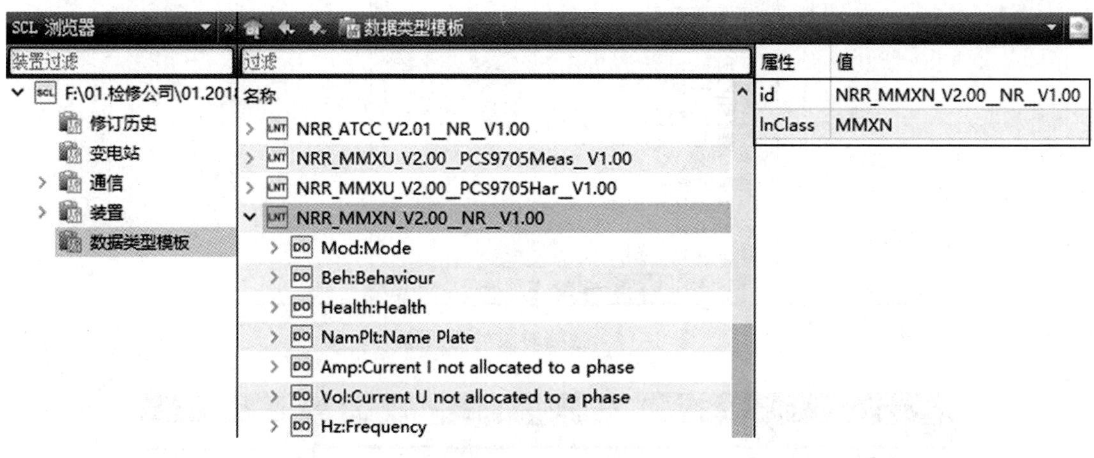

图 2-13 逻辑节点类型部分

数据对象类型 <DOType> 的 ID 属性是该数据对象的名字，该名字与逻辑节点类型 <LNodeType> 中的一个数据对象 DO 的属性类型一致，用于说明该数据对象 <DO> 引用了哪种数据对象类型 <DOType>。每个数据对象类型 <DOType> 都由一系列数据属性 <DA> 组成，如图 2-14 所示。图 2-11 中线路测控展开的同期测量电压一次值，其所属的数据对象 Vol 就是把 <Data Type Template> 部分中的数据对象类型 CN_MV，进行实例化为 Vol 得到的，Vol 中引用了数据对象类型 CN_MV 下的 mag、units、dU 三个数据属性。

数据属性类型 <DAType> 的 ID 属性是该数据属性类型的名字，该名字与数据对象类型 <DOType> 中的一个数据属性 DA 的属性类型一致，用于说明该数据属性 <DA> 引用了哪种数据属性类型 <DAType>。如图 2-15 所示。图 2-11 中线路测控展开的同期测量电压一次值，其所属的数据属性 mag 就是把 <Data Type Template> 部分中的数据属性类型 CN_AnalogueValue，进行实例化为 mag 得到的。mag 中引用了数据属性类型 CN_AnalogueValue 下的一个名称为“f”的数据，数据类型为 32 位浮点数（FLOAT32）。

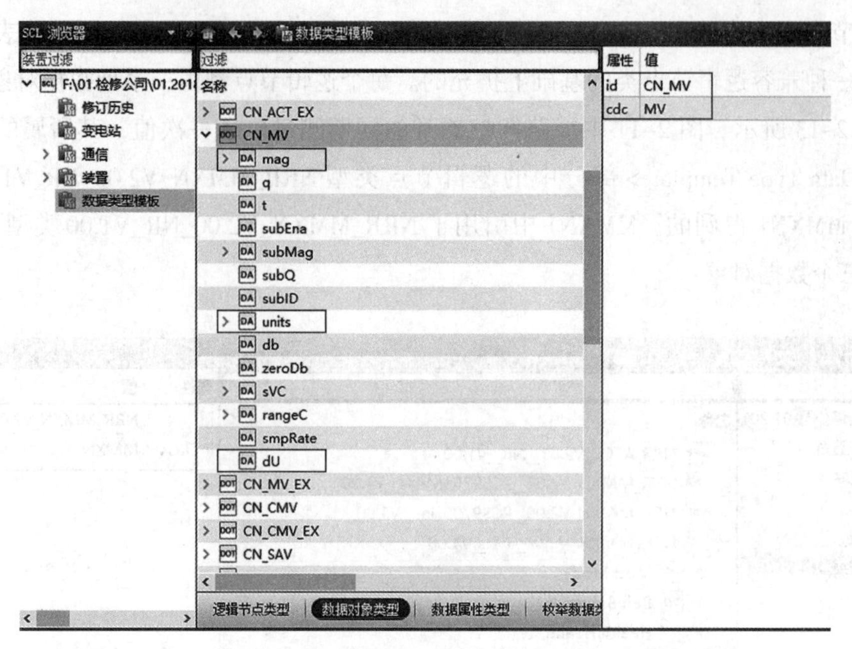

图 2-14　数据对象类型部分

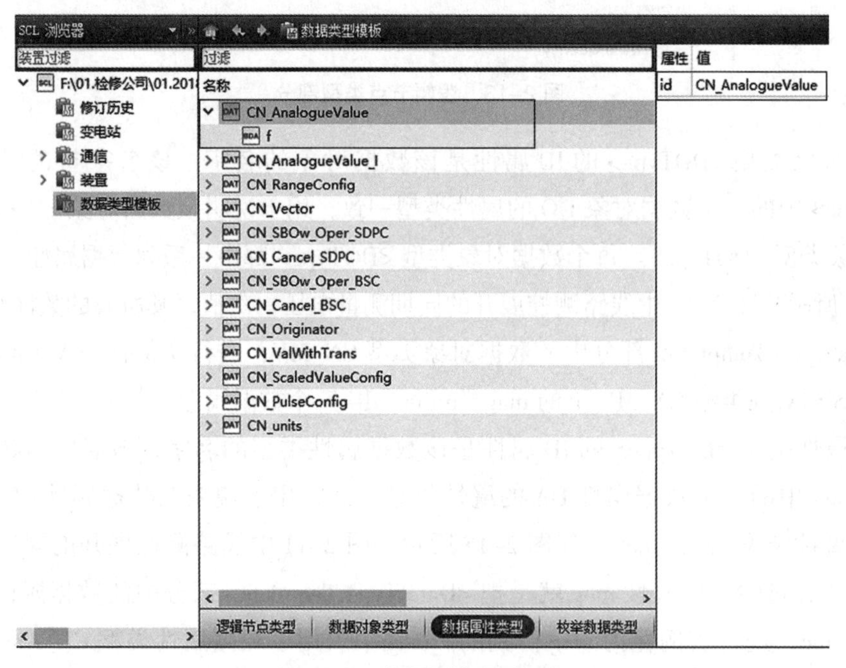

图 2-15　数据属性类型部分

枚举数据类型 <EnumType> 的 ID 属性是该枚举类型的名字，该名字被某个数据属性 <DA> 引用，与该 <DA> 的 Type 属性值一致，用于说明该 <DA> 引用了哪一种 <EnumType>，如图 2-16 所示。例如测控装置对断路器、隔离开关、软压板、复归等的控制模式定义，就可以将枚举类型中的 ctlModel 进行实例化引用。

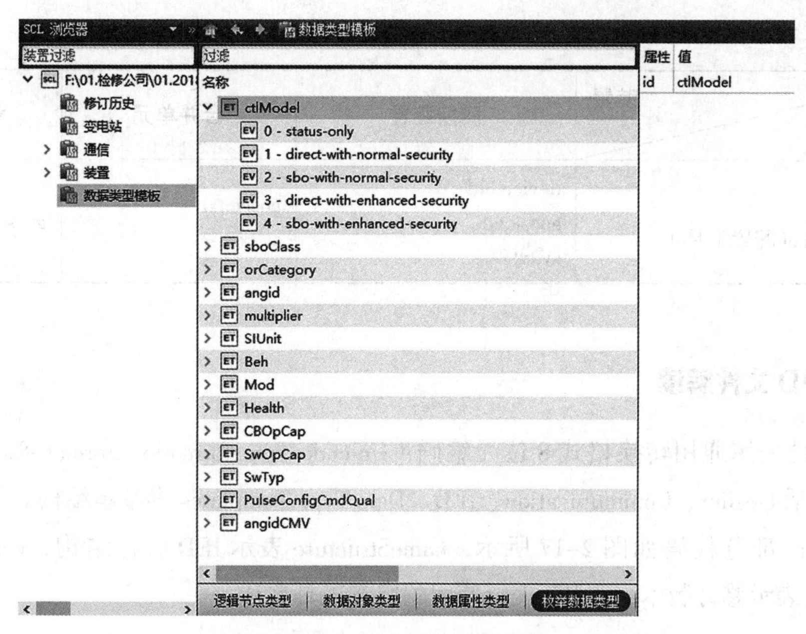

图 2-16　枚举数据类型部分

第二节　实例化配置文件解读

智能变电站 SCD 文件配置完成后，需导出测控装置、合并单元、智能终端等装置的配置文件，下载至对应的装置。本节主要讲解由 SCD 配置工具导出的各种格式的配置文件，例如 IED 实例配置文件（Configured IED Description，CID 文件）、GOOSE 及 SV 通信配置文件等。通过学习，作业人员能熟悉各配置文件的具体内容。

一. 配置文件

智能变电站 SCD 配置完成后，需用配置工具导出相应的配置文件，下载对应 IED 装置。不同生产厂家的配置工具导出的主要配置文件如表 2-1 所示。

表 2-1　　IED 装置所需的配置文件

生产厂家 \ 装置	测控装置	合并单元	智能终端
南瑞继保 （PCS-SCD 配置工具）	device.cid goose.txt	goose.txt	goose.txt
北京四方 （System Configuration 配置工具）	*_S1.cid *_M1.ini *_G1.ini sys_go_*.cfg	*_M1.cfg *_M1.ini *_G1.ini	*_G1.ini

续表

装置 / 生产厂家	测控装置	合并单元	智能终端
南瑞科技（NariConfigTool 配置工具）	device.cid goose.txt sv.txt	goose.txt sv.txt	goose.txt

二、CID 文件解读

CID 文件采用通用转换格式 8 位元编码（Unicode Transformation Format-8，UTF-8）格式，主要包括 Header、Communication、IED、Data Type Templates 等基本结构。

<Header> 部分代码如图 2-17 所示，nameStructure 表示 IED 名称结构，version 表示版本，revision 表示修订版本，toolID 表示使用的组态工具名称。

```
<Header id="Default Substation" nameStructure="IEDName" version="1.0" revision="1.0" toolID="NariConfigTool"/>
```

图 2-17　Header 部分代码

<Communication> 部分代码如图 2-18 所示，子网名称为 SubNetwork name；ConnectedAP iedName 表示装置的 iedName，例如“CL2018”，注意 iedName 只能是字母和数字的组合；apName 表示子网的访问点名称，例如站控层的访问点 S1，过程层 GOOSE 的访问点 G1；MMS 子网通信参数配置有 IP 地址、子网掩码。GOOSE 子网中的 GSE ldInst 表示逻辑设备名称“PIGO”，cbName 表示 GOOSE 控制块的名称“gocb1”；通信参数配置有 VLAN 优先级、VLAN-ID、MAC 地址、APPID 等。

```
<Communication desc="communication">
  <SubNetwork name="Subnetwork_Stationbus">
    <ConnectedAP iedName="CL2018" apName="S1">
      <Address>
        <P type="OSI-AP-Title">1,3,9999,33</P>
        <P type="OSI-AE-Qualifier">33</P>
        <P type="OSI-PSEL">00000001</P>
        <P type="OSI-SSEL">0001</P>
        <P type="OSI-TSEL">0001</P>
        <P type="IP">198.120.0.103</P>
        <P type="IP-SUBNET">255.255.255.0</P>
      </Address>
    </ConnectedAP>
  </SubNetwork>
  <SubNetwork name="Subnetwork_Processbus">
    <ConnectedAP iedName="CL2018" apName="G1">
      <GSE ldInst="PIGO" cbName="gocb1">
        <Address>
          <P type="VLAN-PRIORITY" xsi:type="tP_VLAN-PRIORITY">4</P>
          <P type="VLAN-ID" xsi:type="tP_VLAN-ID">000</P>
          <P type="MAC-Address" xsi:type="tP_MAC-Address">01-0C-CD-01-00-01</P>
          <P type="APPID" xsi:type="tP_APPID">1001</P>
        </Address>
        <MinTime unit="s" multiplier="m">2</MinTime>
        <MaxTime unit="s" multiplier="m">5000</MaxTime>
      </GSE>
    </ConnectedAP>
```

图 2-18　Communication 部分代码

<IED> 包括 <private>、<services>、<AccessPoint> 三部分。<private> 部分用于存放装置厂商对 SCL 语言的私有扩展信息。当配置文件在不同厂家的配置工具上进行配置时，<private> 部分的内容会被原封不动的保存，如图 2–19 所示。

```
<IED name="CL2022" type="NS3560" desc="培训2018线测控" manufacturer="国电南瑞" configVersion="V2.06">
  <Private type="IED virtual terminal conection CRC">8ECD16B9</Private>
```

图 2–19　<private> 部分代码

<services> 用于描述该 IED 所支持的抽象通信服务接口（Abstract Communication Service Interface，ACSI）的服务类型。在客户端 – 服务器建立通信关联时，客户端与服务器将互相告知对方本端所支持的服务类型，如图 2–20 所示。<ConfDataSet max= "32" maxAttributes= "256" > 表示该 IED 最多可配置 32 个数据集，每个数据集中最多可拥有 256 个数据属性。

```
<Services>
  <DynAssociation/>
  <SettingGroups/>
  <GetDirectory/>
  <GetDataObjectDefinition/>
  <DataObjectDirectory/>                服务类型
  <GetDataSetValue/>
  <DataSetDirectory/>
  <ConfDataSet max="32" maxAttributes="256"/>
  <ReadWrite/>
  <ConfReportControl max="16"/>
  <GetCBValues/>
  <ConfLogControl max="10"/>
  <ReportSettings cbName="Conf" datSet="Conf" rptID="Dyn" optFields="Dyn" bufTime="Fix" trgOps="Dyn" intgPd="Dyn"/>
  <LogSettings cbName="Conf" datSet="Conf" intgPd="Dyn"/>
  <GOOSE max="16"/>
  <FileHandling/>
  <ConfLNs fixPrefix="true" fixLnInst="true"/>
</Services>
```

图 2–20　<services> 代码

<AccessPoint> 用于描述该 IED 的分层信息模型，包括服务器名称（AccessPoint name）、逻辑设备、逻辑节点、数据对象和数据属性。逻辑设备部分定义了逻辑设备实例名称（LDevice inst）及其描述（desc）；逻辑节点定义了逻辑节点类别（lnClass）、逻辑节点类型模板（lnType）、逻辑节点实例号（inst）；数据集部分定义了数据集名称（DataSet name）、数据集描述（desc）以及每个数据集引用的 FCDA，FCDA 定义了引用的每个数据对象所属的逻辑设备实例（ldInst）、前缀（prefix）、逻辑节点类型（lnClass）、逻辑节点实例号（lnInst），数据对象名称（doName）和功能约束（fc），如图 2–21 所示。

```
<AccessPoint name="S1">
<LDevice inst="MEAS" desc="遥测">
  <LN0 lnClass="LLN0" lnType="GDNR_V2_LLN0_NS3560" inst="" desc="LLN0">
    <DataSet name="dsAin1" desc="模拟量">
      <FCDA ldInst="MEAS" prefix="GOAI" lnClass="GGIO" lnInst="1" doName="AnIn1" fc="MX"/>
      <FCDA ldInst="MEAS" prefix="GOAI" lnClass="GGIO" lnInst="1" doName="AnIn2" fc="MX"/>
```

图 2–21　<AccessPoint> 部分代码

<AccessPoint>还包括MMS的报告服务有关代码。它定义了报告控制块的名称（ReportControl name）、上送的数据集（datSet）、完整性周期（intgPd）、报告ID（rptID）、配置版本（confRev）、是否为缓存报告控制块（buffered）、缓存时间（bufTime）、触发选项（TrgOps）、报告选项域（OptFields）和报告实例号使能最大值（RptEnabled max）等内容，如图2-22所示。

```
<ReportControl name="urcbAin" datSet="dsAin" intgPd="1800000" rptID="NS3560LD0/LLN0$urcbAin" confRev="1" buffered="false" bufTime="0">
  <TrgOps dchg="true" period="true"/>
  <OptFields seqNum="true" timeStamp="true" dataSet="true" reasonCode="true" dataRef="true" entryID="true" configRef="true"/>
  <RptEnabled max="16"/>
</ReportControl>
```

图2-22　MMS的报告服务有关代码

<AccessPoint>IED的分层信息模型中的数据对象部分定义了数据对象实例名称（DOI name）及其描述（desc），数据属性部分定义了子数据实例名称（SDI name）或数据属性实例名称（DAI name）、描述（desc）、短地址（sAddr）等信息，如图2-23所示。

```
<DOI name="Ind1" desc="过程设备检修1">
  <DAI name="stVal" desc="值" sAddr="B03.mcugoose.gse_sp_out001">
    <Val/>
  </DAI>
  <DAI name="dU" sAddr="B03.mcugoose.gse_sp_out001">
    <Val>过程设备检修1</Val>
  </DAI>
</DOI>
```

图2-23　数据对象有关代码

<Data Type Template>主要描述可实例化的数据类型模板，包括逻辑节点类型<LNodeType>、数据对象类型<DOType>、数据属性类型<DAType>和枚举数据类型<EnumType>。

逻辑节点类型<LNodeType>的ID属性是该逻辑节点的名字，lnclass属性代表该逻辑节点是在哪一种兼容逻辑节点类的基础上扩充的。每个逻辑节点都由一系列数据对象<DO>组成，每个数据对象成员定义了名称（DO name）、描述（desc）和类型（type），如图2-24所示。

```
<LNodeType id="GDNR_VF_MMXN_NS3560" desc="同期电压频率" lnClass="MMXN">
  <DO name="Mod" desc="模式" type="CN_INC_Mod"/>
  <DO name="Beh" desc="行为" type="CN_INS_Beh"/>
  <DO name="Health" desc="健康" type="CN_INS_Health"/>
  <DO name="NamPlt" desc="铭牌" type="CN_LPL"/>
  <DO name="Vol" desc="电压" type="CN_MV"/>
  <DO name="Hz" desc="频率" type="CN_MV"/>
</LNodeType>
```

图2-24　<LNodeType>代码

数据对象类型<DOType>的ID属性是该数据对象的名字，该名字与逻辑节点类型<LNodeType>中的一个数据对象DO的属性类型一致，用于说明该数据对象<DO>引用了哪

种数据对象类型 <DOType>。每个数据对象类型 <DOType> 都由一系列数据属性 <DA> 组成，每个数据属性成员定义了名称（DA name）、数据类型标记（bType）、功能约束（fc）等，如图 2–25 所示。

```
<DOType id="CN_MV" cdc="MV">
  <DA name="mag" bType="Struct" type="CN_AnalogueValue" dchg="true" fc="MX"/>
  <DA name="q" bType="Quality" qchg="true" fc="MX"/>
  <DA name="t" bType="Timestamp" fc="MX"/>
  <DA name="subEna" bType="BOOLEAN" fc="SV"/>
  <DA name="subMag" bType="Struct" type="CN_AnalogueValue" fc="SV"/>
  <DA name="subQ" bType="Quality" fc="SV"/>
  <DA name="subID" bType="VisString64" fc="SV"/>
  <DA name="units" bType="Struct" type="CN_units" fc="CF"/>
  <DA name="db" bType="INT32U" fc="CF"/>
  <DA name="zeroDb" bType="INT32U" fc="CF"/>
  <DA name="sVC" bType="Struct" type="CN_ScaledValueConfig" fc="CF"/>
  <DA name="rangeC" bType="Struct" type="CN_RangeConfig" fc="CF"/>
  <DA name="smpRate" bType="INT32U" fc="CF"/>
  <DA name="dU" bType="Unicode255" fc="DC"/>
</DOType>
```

图 2–25　<DOType> 代码

数据属性类型 <DAType> 的 ID 属性是该数据属性类型的名字，该名字与数据对象类型 <DOType> 中的一个数据属性 DA 的属性类型一致，用于说明该数据属性 <DA> 引用了哪种数据属性类型 <DAType>，如图 2–26 所示。每个数据属性类型下定义了几个基本数据属性成员 <BDA>，每个成员定义了名称（BDA name）和类型标记（bType）。

```
<DAType id="CN_AnalogueValue">
  <BDA name="f" bType="FLOAT32"/>
</DAType>
```

图 2–26　<DAType> 代码

枚举数据类型 <EnumType> 的 ID 属性是该枚举类型的名字为“ctlModel”，每个枚举类型下定义了可能取值的所有成员 <EnumVal>，“ctlModel”只能在列举出来的范围内取值，如图 2–27 所示。

```
<EnumType id="ctlModel">
  <EnumVal ord="0">status-only</EnumVal>
  <EnumVal ord="1">direct-with-normal-security</EnumVal>
  <EnumVal ord="2">sbo-with-normal-security</EnumVal>
  <EnumVal ord="3">direct-with-enhanced-security</EnumVal>
  <EnumVal ord="4">sbo-with-enhanced-security</EnumVal>
</EnumType>
```

图 2–27　<EnumType> 代码

三、GOOSE 配置

1. GOOSE 虚端子配置

GOOSE 虚端子配置部分主要说明测控装置、保护装置与智能终端、合并单元之间的虚端子连接关系，图 2–28 所示是测控装置里的部分 GOOSE 虚端子配置代码。

```
<Inputs>
  <ExtRef daName="stVal" doName="Pos" iedName="IL2018" ldInst="RPIT" lnClass="XCBR"
                  lnInst="1" prefix="Q0" intAddr="PIGO/GOINGGI04.DPCS01.stVal"/>
  <ExtRef daName="stVal" doName="Pos" iedName="IL2018" ldInst="RPIT" lnClass="XSWI"
                  lnInst="1" prefix="QG1" intAddr="PIGO/GOINGGI04.DPCS02.stVal"/>
  <ExtRef daName="stVal" doName="Pos" iedName="IL2018" ldInst="RPIT" lnClass="XSWI"
                  lnInst="1" prefix="QG2" intAddr="PIGO/GOINGGI04.DPCS03.stVal"/>
  <ExtRef daName="stVal" doName="Pos" iedName="IL2018" ldInst="RPIT" lnClass="XSWI"
                  lnInst="1" prefix="QG3" intAddr="PIGO/GOINGGI04.DPCS04.stVal"/>
</Inputs>
```

图 2-28 GOOSE 虚端子配置代码

图 2-28 所示，<Inputs> 包括外部信号部分 ExtRef 和内部信号部分 intAddr。外部信号部分的 ExtRef 由 7 个字段组成。daName 定义了外部信号的数据属性实例名称，如“stVal”；doName 定义了外部信号的数据对象实例名称，如“Pos”；iedName 定义了外部信号所属装置的 iedname，如“IL2018”表示该外部信号来源于 iedname 为“IL2018”的装置；ldInst 定义了外部信号所属的逻辑设备实例名称，如“RPIT”表示智能终端；lnClass 定义了外部信号所属的逻辑节点类别，如“XCBR”表示断路器逻辑节点；lnInst 定义了外部信号的逻辑节点实例号；prefix 定义了外部信号的前缀描述，如“Q0”表示断路器的总位置。内部信号部分的 intAddr 主要定义了内部信号在本装置中的内部地址。

2. GOOSE 通信配置

GOOSE 通信配置文件主要是配置测控装置与智能终端、合并单元发送和接收 GOOSE 控制块的相关参数，图 2-29 所示是 GOOSE 发送控制块配置代码。

```
[GOOSE Tx]
numGoCb = 1

[GoCB1] #220kV培训2018线测控
[Common]
GoCBRef = CL2018PIGO/LLN0$GO$gocb2
AppID = CL2018PIGO/LLN0.gocb2
DatSet = CL2018PIGO/LLN0$dsGOOSE2
ConfRev = 1
numDatSetEntries = 38
FiberChNo = 1

[DstAddr]
Addr = 01-0C-CD-01-00-02
Priority = 4
VID = 0
Appid = 1002                控制块地址
MinTime = 2
MaxTime = 5000

[FCDA1] #遥控01分闸出口
Ref = CL2018PIGO/CSWI1$ST$OpOpn$general
Type = Bool
InVarName = B01.OutObj01.out_relay_opn
ACT = 1
```

图 2-29 GOOSE 发送控制块代码

[GOOSE TX] 部分的 numGoCb 定义了发送 GOOSE 控制块数量。[GoCB] 部分的 GoCBRef 定义了该 GOOSE 控制块的引用，引用结构为“逻辑设备 / 逻辑节点 $ 功能约束 $ 控制块

名称”；AppID 定义了控制块的 GOOSE 标识符，标识符结构为“逻辑设备 / 逻辑节点 . 控制块名称”，此标识应全站唯一；DatSet 定义了该 GOOSE 控制块所传送的数据集的路径（索引），索引结构为“逻辑设备 / 逻辑节点 $ 数据集名称”；ConfRev 定义了配置版本；numDatSetEntries 定义了该控制块包含的数据集成员数量；FiberChNo 定义了该控制块通过哪个光口发送出去。

[DstAddr] 部分定义了该控制块的 GOOSE 通信地址相关参数，包括 GOOSE 通信组播地址 Addr、优先级 Priority、VLAN-ID、APPID、发送最小间隔时间 MinTime 和发送最大间隔时间 MaxTime。

[FCDA] 部分定义了该数据集包含的所有数据集成员信息。“# 遥控 01 分闸出口”是第一个数据集成员 [FCDA1] 的描述；Ref 定义了该数据集成员的带功能约束的数据属性引用，引用结构为“逻辑设备 / 逻辑节点 $ 功能约束 $ 数据对象 $ 数据属性”；Type 定义了该数据属性值的类型；如 Bool 表示布尔型；InVarName 定义了该数据集成员的内部短地址；ACT 是公用数据规范中信号类数据对象类型的一种，表示保护激活信息公用数据类。ACT=1（或 =0）表示该数据信号的输出受（或不受）启动元件控制。

GOOSE 接收控制块的代码如图 2-30 所示。numGoCb=3 定义了接收 GOOSE 控制块数量为 3 个，分别是来自智能终端的 [GoCB1]、[GoCB2] 和来自合并单元的 [GoCB3]；numInput=14 定义了从一共上述 3 个 GOOSE 控制块接收了 14 个 GOOSE 数据。

```
[GOOSE Rx]
numGoCb = 3
numInput = 14

[GoCB1] #220kV培训2018线智能终端
Addr = 01-0C-CD-01-00-03
Appid = 1003
GoCBRef = IL2018RPIT/LLN0$GO$gocb0
AppID = IL2018RPIT/LLN0.gocb0
DatSet = IL2018RPIT/LLN0$dsGOOSE0
ConfRev = 1
numDatSetEntries = 46
FiberChNo = 1

[GoCB2] #220kV培训2018线智能终端
        ⋮

[GoCB3] #220kV培训2018线合并单元
        ⋮

[INPUT1] #总断路器位置
GoCbIndex = 1
GoCbEntryIndex = 1
Ref = IL2018RPIT/Q0XCBR1$ST$Pos$stVal
Type = Bstring2
OutVarName = B01.DPOS.in_POS1
```

图 2-30 GOOSE 接收控制块代码

[GoCB] 部分的 Addr 定义了发送该 GOOSE 控制块的组播地址；Appid 定义了该控制块的 APPID；GoCBRef、AppID、DatSet、ConfRev、numDatSetEntries、参考图 2-29 的 [GoCB] 部分代码定义，此处不再赘述；FiberChNo 定义了该 GOOSE 控制块通过哪个光口接收。

[INPUT]部分的GoCbIndex=1表示该GOOSE数据接收的是第1个GOOSE控制块[GoCB1]里的数据集成员；GoCbEntryIndex=1表示接收的该GOOSE数据是来自对应GOOSE控制块的第1个数据集成员；Ref和Type参考图2-29中相关定义，此处不再赘述；OutVarName表示将接收来自外部的GOOSE数据所存放的短地址。

四、SV配置

1. SV虚端子配置

SV虚端子配置部分主要说明测控装置与合并单元之间的虚端子连接关系，图2-31所示是测控装置里的部分SV虚端子配置代码。

```
<Inputs>
  <ExtRef doName="Amp" iedName="ML2018" ldInst="MUSV" lnClass="TCTR"
                      lnInst="4" prefix="" intAddr="PISV/SVINTCTR1.Amp"/>
  <ExtRef doName="Amp" iedName="ML2018" ldInst="MUSV" lnClass="TCTR"
                      lnInst="5" prefix="" intAddr="PISV/SVINTCTR2.Amp"/>
  <ExtRef doName="Amp" iedName="ML2018" ldInst="MUSV"
                      lnClass="TCTR" lnInst="6" prefix="" intAddr="PISV/SVINTCTR3.Amp"/>
  <ExtRef doName="Vol" iedName="ML2018" ldInst="MUSV"
                      lnClass="TVTR" lnInst="7" prefix="" intAddr="PISV/SVINTVTR1.Vol"/>
  <ExtRef doName="Vol" iedName="ML2018" ldInst="MUSV" lnClass="TVTR"
                      lnInst="8" prefix="" intAddr="PISV/SVINTVTR2.Vol"/>
  <ExtRef doName="Vol" iedName="ML2018" ldInst="MUSV" lnClass="TVTR"
                      lnInst="9" prefix="" intAddr="PISV/SVINTVTR3.Vol"/>
</Inputs>
```

图2-31 SV虚端子配置代码

<Inputs>包括外部信号部分ExtRef和内部信号部分intAddr。外部信号部分的ExtRef由以下6个字段组成：doName定义了外部信号的数据对象实例名称，如“Amp”；iedName定义了外部信号所属装置的iedname，如“ML2018”表示该外部信号来源于iedname为“ML2018”的装置；ldInst定义了外部信号所属的逻辑设备实例名称，如“MUSV”表示合并单元；lnClass定义了外部信号所属的逻辑节点类别，如“TCTR”表示电流互感器逻辑节点；lnInst定义了外部信号的逻辑节点实例号；prefix定义了外部信号的前缀描述。内部信号部分的intAddr主要定义了内部信号在本装置中的内部地址。

2. SV通信配置

SV通信配置文件主要是配置测控装置与合并单元发送和接收SV控制块的相关参数。合并单元的SV发送控制块的代码如图2-32所示。

图中：numSmvCb=1定义了发送SV控制块数量为1个。[SMVCB1]部分的SvID定义了该控制块的SV标识符，标识符结构为“逻辑设备/逻辑节点.控制块名称”，此标识应全站唯一；ConfRev定义了配置版本；NoASDU定义了该控制块发送的应用服务数据单元（ASDU）数量；NumofSmpdata定义了该控制块包含采样值数据的数量；FiberChNo定义了该SV控制块通过哪个光口发送出去。

```
[SMV Tx]
numSmvCb = 1

[SMVCB1] #220kV培训2018线合并单元
[Common]
SvID = ML2018MUSV/LLN0.smvcb0
ConfRev = 1
NoASDU = 1
NumofSmpdata = 44
FiberChNo = 1

[DstAddr]
Addr = 01-0C-CD-04-00-01
Priority = 4
VID = 0
Appid = 4001

[DATA1] #额定延迟时间
InVarName = B01.VerifyHtmData.delay

[DATA2] #保护1电流A相1
InVarName = B01.VerifyHtmData.chl_1
```

图 2-32　SV 发送控制块代码

[DstAddr] 部分定义了该控制块的 SV 通信地址相关参数，包括 SV 通信组播地址 Addr、优先级 Priority、VLAN-ID、APPID。

[DATA] 部分“# 额定延迟时间”是第一个数据集成员的描述；InVarName 定义了该数据集成员的内部短地址。

SV 接收控制块的代码如图 2-33 所示。numSmvCb=1 定义了接收 SV 控制块数量为 1 个，是来自合并单元的 [SMVCB1]；numInput=7 定义了从一共上述 SV 控制块接收了 7 个 SV 数据。

```
[SMV Rx]
numSmvCb = 1
numInput = 7

[SMVCB1] #220kV培训2018线合并单元
Addr = 01-0C-CD-04-00-01
Appid = 4001
SvID = ML2018MUSV/LLN0.smvcb0
ConfRev = 1
NoASDU = 1
NumofSmpdata = 44
FiberChNo = 1

[INPUT1] #测量1电流A相
SmvCbIndex = 1
DataIndex = 8
OutType = P
OutVarName = B02.Bay_SMV_RECV.in1
```

图 2-33　SV 接收控制块代码

[SMVCB] 部分的 Addr 定义了接收该 SV 控制块的组播地址；Appid 定义了该控制块的 APPID；SvID 定义了控制块的 SV 标识符，标识符结构为“逻辑设备 / 逻辑节点 . 控制块名称”，此标识应全站唯一；ConfRev 定义了配置版本；NoASDU 定义了该控制块接收的

应用服务数据单元（ASDU）数量；NumofSmpdata 定义了该控制块包含采样值数据的数量；FiberChNo 定义了该 SV 控制块通过哪个光口接收。

[INPUT] 部分的 SmvCbIndex=1 表示该 SV 数据接收的是第 1 个 SV 控制块 [SMVCB1] 里的采样值数据；DataIndex=8 表示接收的该采样值数据是来自对应 SV 控制块的第 8 个采样值数据；OutType 定义了该采样值数据的类型；OutVarName 表示将接收来自外部的采样值数据所存放的短地址。

第三节　案例分析

案例一：某变电站基建验收过程中，在监控后台发现一条 220kV 线路的正、副母隔离开关位置显示与实际相反。

现场检查发现，智能终端隔离开关位置显示与一次设备一致，故初步判断智能终端没有故障。检查测控装置的隔离开关 GOOSE 开入信号，发现正、副母隔离开关位置与实际不符，可以判断为 SCD 虚端子配置存在问题。检查 SCD 组态文件、和 CID 文件内虚端子配置部分，发现正、副母隔离开关的虚端子连线错误，如图 2–34 和图 2–35 所示。修改 SCD 组态文件，做好安全措施后，将导出的配置重新下装至测控装置。重启测控装置后，检查监控主机、远方调度主站的位置信号显示正确。

外部信号	外部信号描述	接收	内部信号	内部信号描述
IL2018RPIT/Q0XCBR1.Pos.stVal	220kV培训2018线智能终端/总断路器位置		PIGO/GOINGGIO4.DPCSO1.stVal	断路器位置
IL2018RPIT/QG2XSWI1.Pos.stVal	220kV培训2018线智能终端/副母隔离开关		PIGO/GOINGGIO4.DPCSO2.stVal	正母隔离开关
IL2018RPIT/QG1XSWI1.Pos.stVal	220kV培训2018线智能终端/正母隔离开关		PIGO/GOINGGIO4.DPCSO3.stVal	副母隔离开关
IL2018RPIT/QG3XSWI1.Pos.stVal	220kV培训2018线智能终端/线路隔离开关		PIGO/GOINGGIO4.DPCSO4.stVal	线路隔离开关

图 2–34　虚端子连线错误组态

```
<Inputs>
  <ExtRef daName="stVal" doName="Pos" iedName="IL2018" ldInst="RPIT" lnClass="XCBR"
                lnInst="1" prefix="Q0" intAddr="PIGO/GOINGGIO4.DPCSO1.stVal"/>
  <ExtRef daName="stVal" doName="Pos" iedName="IL2018" ldInst="RPIT" lnClass="XSWI"
                lnInst="1" prefix="QG2" intAddr="PIGO/GOINGGIO4.DPCSO2.stVal"/>
  <ExtRef daName="stVal" doName="Pos" iedName="IL2018" ldInst="RPIT" lnClass="XSWI"
                lnInst="1" prefix="QG1" intAddr="PIGO/GOINGGIO4.DPCSO3.stVal"/>
```

图 2–35　虚端子连线错误代码

案例二：变电站监控主机报某线路间隔测控装置 SV 通信中断。

现场检查发现，该间隔合并单元各指示灯正常且保护装置无任何 SV 异常告警，故初步判断为该测控装置或过程层交换机出现故障。做好相应安全措施后在测控装置侧的光纤跳线用手持式数字测试仪抓取 SV 报文，确认 SV 报文发送及内容正常，排除过程层交换机及光纤异常。

检查测控装置，发现测控装置的配置文件中接收该合并单元 SV 控制块的 APPID 配置错误，与合并单元的 SV 发送控制块的 APPID 配置不一致，如图 2-36 和图 2-37 所示，修改、重新下装配置文件后，检查合并单元与测控装置 SV 通信正常。

```
[SMV Rx]
numSmvCb = 1
numInput = 7

[SMVCB1] #220kV培训2018线合并单元
Addr = 01-0C-CD-04-00-01
Appid = 4001
SvID = ML2018MUSV/LLN0.smvcb0
ConfRev = 1
NoASDU = 1
NumofSmpdata = 44
FiberChNo = 1
```

图 2-36　测控接收合并单元 SV 通信配置

```
[SMV Tx]
numSmvCb = 1

[SMVCB1] #220kV培训2018线合并单元
[Common]
SvID = ML2018MUSV/LLN0.smvcb0
ConfRev = 1
NoASDU = 1
NumofSmpdata = 44
FiberChNo = 1

[DstAddr]
Addr = 01-0C-CD-04-10-01
Priority = 4
VID = 0
Appid = 4101
```

图 2-37　合并单元发送 SV 通信配置

智能变电站典型配置文件解读

第三章 智能变电站监控系统联调及远方智能对点

本章介绍智能变电站监控系统联调内容及要求，包括监控系统、传输通道以及调度端主站系统的完整性测试，重点检查监控系统在现场实际环境下各项功能和性能指标。并介绍远方智能对点新技术在监控系统联调中的应用。

第一节 概述

一、智能变电站联调目的

监控系统联调是指在设备完成现场安装、系统集成及单体调试后，以运行交接为目的进行系统性功能联合调试工作。现场监控系统联调是确保设备功能满足设计及规程要求、验证系统功能是否满足生产运行需求的关键环节。提交的调试报告应包含试验数据及结论。监控系统完成联调后，应及时做好数据备份工作。

二、安全措施

在基建变电站中，监控系统联调需执行的主要安全措施为：

（1）防止调试电脑接入数据网设备的违规外联。

（2）传动一次设备时应做好现场安全监护工作。

在运行变电站中扩建或技改某间隔时，监控系统联调需执行的主要安全措施为：

（1）下装或重启数据通信网关机前，与相关调度自动化部门做好联系。

（2）新设备遥控前，退出全站运行设备的遥控出口压板，或将运行间隔测控（或保测装置）切至“就地”位置。

（3）防止调试电脑接入数据网设备的违规外联。

三、智能变电站监控系统联调项目

智能变电站监控系统联调的主要内容有网络链路测试、时钟同步功能测试、遥信遥测调试、设备遥控传动、防误联锁/闭锁逻辑功能验证、程序化控制功能测试、主子站信息联调、网络安全监测装置信息联调、告警直传及远程浏览调试等。

第二节　网络链路测试

智能变电站中，网络链路作为最主要的数据传输介质，其状态直接影响变电站内数据传输质量。为保障网络链路传输处于良好状态，需检查物理链路和逻辑链路，并对光纤端口功率、光纤回路衰耗、交换机性能、网络延时等项目进行测试。

一、网络链路测试应具备的条件

（1）变电站网络设备已按设计图纸要求组网。

（2）各层交换机和 IED 已完成通信配置。

二、网络链路测试项目及要求

（一）通信状态检查

对交换机及 IED 设备的光纤、网线及标签进行检查，确认交换机、IED 设备的各端口已按设计要求分配，且交换机各类指示灯状态应正常，IED 设备无断链告警。

（二）交换机配置检查

通过 Telnet 或者 Web 等方式登录交换机配置界面，检查交换机各项参数设置是否正确。交换机软件版本应满足入网版本要求，站控层交换机具备网络安全监测所需的简单网络管理协议（Simple Network Management Protocol，SNMP）V3 网络管理功能。

交换机端口的 VLAN 配置、端口镜像配置、流量控制、对时配置均应满足设计和现场实际通信要求。

（三）光纤回路衰耗及光纤端口功率测试

使用试验光源和光功率计，确认光路正确并测试光路的衰耗及光纤端口收发功率。智能变电站内，一般采用 1310nm 多模光纤传输数据，其测试结果应满足以下指标：

1）光衰耗应不大于 3dB；

2）各设备光端口的发送功率：–20 ~ –14dBm；

3）光纤端口接收功率：–31 ~ –14dBm。

（四）交换机存储转发时延测试

将交换机任意两个端口与测试仪相连接，测试不同帧长度的网络报文，记录在轻载 10% 和重载 95% 情况下的转发时延，包括最大时延，最小时延和平均时延。交换机平均时延应小于 10μs，用于采样值传输交换机最大时延与最小时延之差应小于 10μs。

第三节 时间同步功能测试

智能变电站中时间同步系统不仅为各类数据提供准确的时标信息，还为交流电气量的数字化采集提供同步采样基准。因此，对同步时间系统设备的运行状态与精度指标进行测试至关重要，以保障时间同步系统满足智能变电站的运行需求。

时间同步系统应以天基授时为主，地基授时为辅。天基授时应以北斗（BDS）信号为主，GPS 信号为辅；地基授时应以地面有线基准信号为主，以主时钟热备信号为辅。智能变电站应配置一套全站统一授时的时间同步系统，采用双主时钟冗余配置方式，基本架构如图 3-1 所示。

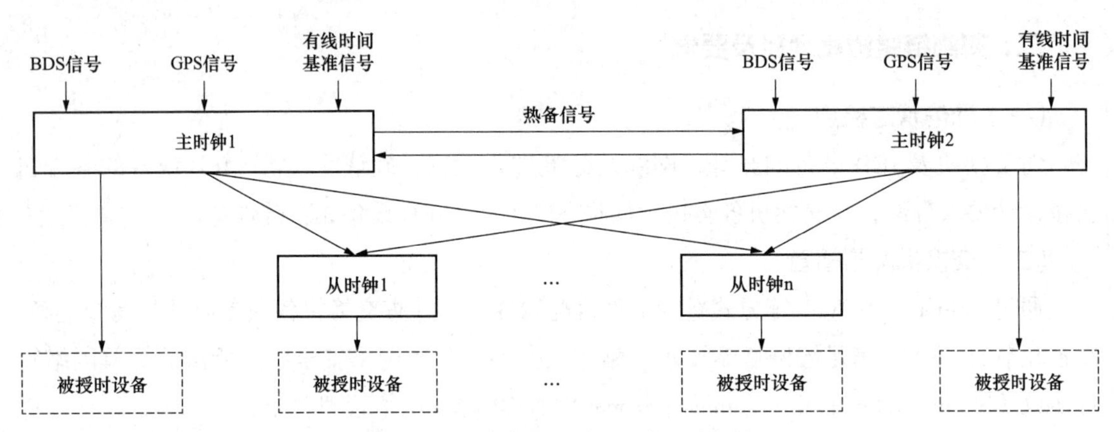

图 3-1 智能变电站时间同步系统架构

一、时间同步功能测试应具备的条件

（1）主时钟的 BDS 和 GPS 天线均已按要求安装完毕，时钟信号接收正常。

（2）各时钟扩展屏或时钟单元都已完成与主时钟之间的配置，对时正常。

二、时间同步功能测试项目及要求

（一）时钟同步系统功能检查

检查时钟装置的状态指示是否正确，相关指标有电源状态、时钟同步信号输出状态、外部时间基准信号指示、当前使用的时间基准信号指示、北京时间指示和可见卫星数指示等。

主时钟应按照基准信号优先级从高到低进行选择，排序依次应为 BDS 信号、GPS 信号、地面有线时间基准信号、热备判断信号。从时钟应按照接收主时钟的时间信号的质量码高低进行选择，当两路输入信号质量一致时，应保持当前优选信号为主。

检查时，可通过中断并恢复高优先级基准信号，初步判断时钟装置的基准信号选择是否满足要求。基准信号选择判据应符合 GB/T 33591—2017《智能变电站时间同步系统及设备技术规范》附录 B 的要求。

对于采用双主钟方式时间同步系统，按如下方式进行告警验证：

主时钟的输入时间源信号主要包括独立时间源基准信号（BDS、GPS、地面有线）和关联时间源基准信号（另一台主时钟发来的有线时间基准信号），主时钟工作方式下的告警情况如表 3–1 所示。

表 3–1　　主时钟工作方式下的告警情况

独立时间源基准信号	关联时间源基准信号	初始化阶段的同步方式	正常工作阶段的同步方式	输出信号的时间质量标识	时钟告警
独立时间源选择有结果	正常	与独立时间源选择结果的基准信号进行同步	与独立时间源选择结果的基准信号进行同步	同步正常	无
独立时间源选择有结果	异常	与独立时间源选择结果的基准信号进行同步	与独立时间源选择结果的基准信号进行同步	同步正常	有
独立时间源选择无结果	正常	与关联时间源基准信号同步	与关联时间源基准信号同步	关联时间源时间质量位加 2	有
独立时间源选择无结果	异常	无法完成初始化，无输出	守时	同步异常	有

注：表中的“正常”指时间信号能被正确接收，且同步状态标识为正常；“异常”指“正常”之外的所有状态。

从时钟的两路输入分别是来自主时钟 A 发送的有线时间基准信号（以下称为 A 基准信号）和主时钟 B 发送的有线时间基准信号（以下称为 B 基准信号），从时钟工作方式下的告警情况如表 3–2 所示。

表 3–2　　从时钟的工作方式下的告警情况

A 基准信号	B 基准信号	初始化阶段的同步方式	正常工作阶段的同步方式	输出信号的时间质量标识	时钟告警
正常	正常	与 A 时间基准信号同步	与 A 时间基准信号同步	同步正常	无
正常	异常	与 A 时间基准信号同步	与 A 时间基准信号同步	同步正常	有
异常	正常	与 B 时间基准信号同步	与 B 时间基准信号同步	同步正常	有
秒准时沿接收正常同步状态异常	秒准时沿接收正常同步状态异常	与 A 时间基准信号同步	守时	同步异常	有
秒准时沿接收正常同步状态异常	秒准时沿接收异常	与 A 时间基准信号同步	守时	同步异常	有

续表

A基准信号	B基准信号	初始化阶段的同步方式	正常工作阶段的同步方式	输出信号的时间质量标识	时钟告警
秒准时沿接收异常	秒准时沿接收正常同步状态异常	与B时间基准信号同步	守时	同步异常	有
秒准时沿接收异常	秒准时沿接收异常	无法完成初始化，无输出	守时	同步异常	有

除状态指示功能、告警输出功能验证外，还需进行输出信号测试和守时测试。

时钟同步输出信号的准确度应满足表3–3要求，当时间同步准确度要求优于1μs时，传输电缆长度应控制在15m之内。

表3–3　　时间同步信号、接口类型与时间同步准确度的对照

接口类型	光纤	RS–422，RS–485	静态空接点	TTL	AC	RS–232C	以太网
1PPS/1PPM/1PPH	1μs	1μs	3μs	1μs	—	—	—
串口时间报文	10ms	10ms	—	—	—	10ms	—
IRIG–B（DC）	1μs	1μs	—	1μs	—	—	—
IRIG–B（AC）	—	—	—	—	20μs	—	—
NTP	—	—	—	—	—	—	10ms
PTP	—	—	—	—	—	—	1μs

时钟装置在守时12h状态下的时间准确度应优于1μs/h。测试时，将被测试设备接入标准时钟源，使被测试设备进入锁定状态，30min后断开标准时钟源，此时被测试设备进入守时状态，继续运行120min后，测试被测试设备输出时间准确度，输出应满足要求。

（二）装置对时功能检查

装置对时功能检查包含装置对时功能检查和对时精度检查。

对时功能检查：装置完成时钟同步后，断开其对时源，装置应有对时异常告警指示，并发出对时异常或失步信号。

对时精度检查：通过标准时钟源进行信号触发，计算装置信号触发时间和标准时钟源的时间差来进行精度检查。变电站内装置的同步准确度应满足表3–4的要求。

表3–4　　电力系统常用设备和系统对时间同步准确度的要求

电力系统常用设备或系统	时间同步准确度
线路行波故障测距装置	优于1μs
同步相量测量装置	优于1μs

续表

电力系统常用设备或系统	时间同步准确度
合并单元	优于 1μs
故障录波器	优于 1ms
电气测控单元、远方终端、保护测控一体化装置	优于 1ms
微机保护装置	优于 10ms
安全自动装置	优于 10ms
配电网终端装置	优于 100ms
电能量采集装置	优于 1s
负荷 / 用电监控终端装置	优于 1s
电气设备在线状态检测终端装置或自动记录仪	优于 1s

现场调试时，一般只对测控装置、智能终端、合并单元进行精度测试。现场需要对站控层设备、测控装置、智能终端、合并单元、同步相量测量装置等设备进行对时异常告警功能检查。

第四节　遥测、遥信联调

变电站遥测、遥信反映了电网运行与变电站一、二次设备及辅助设备的运行状况，是监控系统的主要功能，是调控值班员进行电网运行与设备实时监控的重要依据，是电网高级应用基础数据的重要来源之一。通过现场联调，确保遥测、遥信信息的正确性、完整性、实时性。

一、遥测、遥信联调应具备的条件

（1）设备已安装完毕，二次回路接线已完成，相关回路已核查完毕并完成相应回路的绝缘测试。

（2）测控、保护装置已配置完毕并完成基本功能测试。

（3）监控后台配置及数据库完善工作已完成。

（4）设备完成组网并已通过网络测试。

（5）已完成时钟功能调试。

二、遥信、遥测联调项目及其要求

（一）遥信功能测试

遥信功能测试是对变电站监控系统进行开入量变化、防抖时间、信号响应时间、SOE

分辨率、传输方式、信号品质等方面的试验检查。当发生 GOOSE 断链或网络中断时，监控系统应反映相关信号的无效状态。

1. 开入量变化测试

信号源优先采用实际开入源端的变化信号，对部分不满足源端试验条件的可采用模拟触发的方式发出变化信号；再检查合并单元、智能终端、保护装置、测控装置对应的开入信号是否发生变化；然后检查监控主机上主接线图、间隔画面、光字牌、告警窗的对应信号是否正确反应；最后检查开入量变化的历史记录信息与调阅功能是否完整。开入量变化情况可通过装置面板和后台画面检查，如图 3-2 所示。开入量的防抖时间应设置合理，防止信号反复跳跃。

(a) 智能终端面板指示灯

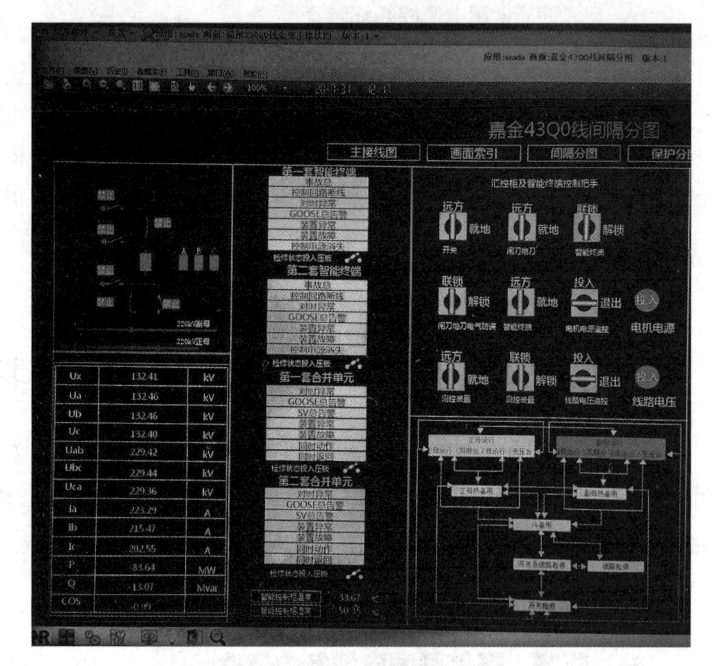

(b) 后台画面检查

图 3-2 开入量指示

2. 开入量变化响应时间、SOE 分辨率及时标测试

（1）开入量变化响应时间测试方法：使用时间信号发生器在智能终端或测控装置上施加模拟开入信号，检查同一开入量在监控主机告警窗中的 COS（遥信变位）和 SOE 时标，计算开入量变化响应的时间。

（2）SOE 分辨率测试方法：试验前取消装置开入量防抖时间，使用时间信号发生器在智能终端或测控装置上施加两个时间间隔为 1ms 的模拟开入信号，计算两个开入量信号的 SOE 时标差值。

（3）SOE 时标测试方法：分别修改智能终端和测控装置的时间，查看监控主机告警窗事件 SOE 时标是否与对应装置时间一致。

3．遥信传输方式的测试

试验前确认报告控制块的触发条件（TrgOp）中的数据变化、品质变化、周期上送、总召选项已置位。测试时，可根据遥信上送报文的传输原因判断遥信的传输方式，如图 3–3 所示。

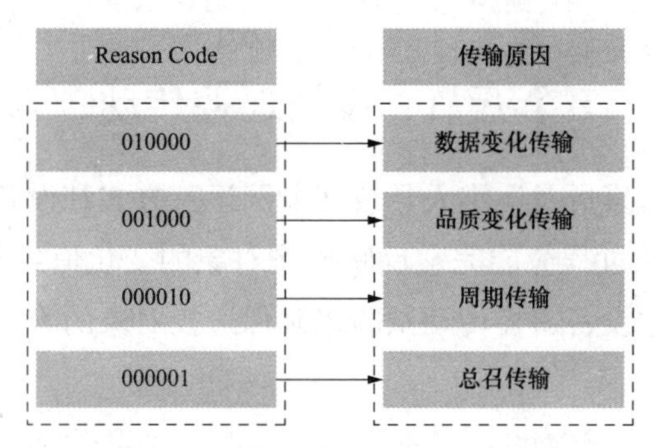

图 3–3　遥信上送报文的传输原因

（1）在测控装置或智能终端上施加模拟开入信号，查看遥信上送报文的传输原因为“数据变化”。

（2）投入装置检修压板，查看遥信上送报文中的传输原因为“品质变化”。

（3）检查装置重启后上送遥信报文的传输原因为“总召”，确认周期性传输的时间间隔与配置一致。

（二）遥测功能测试

变电站内的遥测功能测试主要包括精度测试和遥测传输测试。

1．遥测精度测试

合并单元采样精度测试时，通过合并单元测试仪向合并单元输入模拟量，并接收合并单元采集后输出的数字量，如图 3–4 所示。合并单元角差、比差也应满足精度要求，同时检查监控后台遥测显示值，电流、电压精度应满足 0.2 级，有功、无功精度应满足 0.5 级。

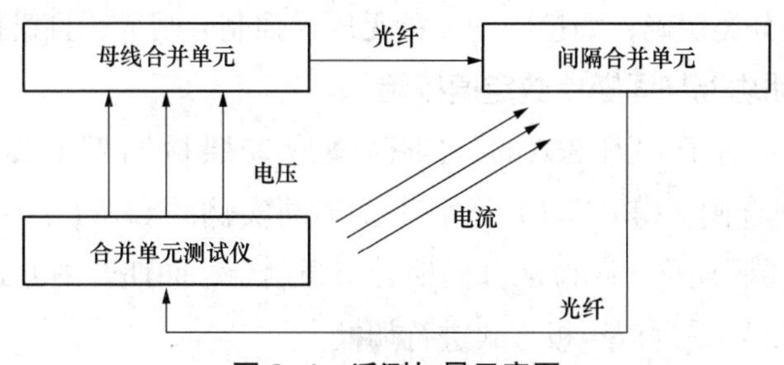

图 3–4　遥测加量示意图

合并单元守时精度测试，在失去同步时钟信号 10min 以内的守时误差应小于 4μs，电流、电压精度满足 0.2 级。

2．遥测传输测试

遥测数据的零值死区和变化死区应在测控装置中设置，并通过数字式测试仪验证死区。

测控装置内变比系数的修改会引起对应遥测数值的变化，并可能影响同期功能。

遥测数据的品质变化应体现在报文中。监控后台应根据遥测数据的不同状态，如数据无效、检修状态、数据越限，通过不同的颜色加以区分。

第五节　设备遥控传动

变电站遥控是调控值班员及运维人员改变电网运行方式和设备运行方式的主要操作手段，可靠性要求高。遥控过程应能完整反映操作对象的变化信息与遥控失败的告警信息。遥控功能投入前，应通过设备遥控传动试验来确保遥控对象的唯一性、遥控回路的正确性和遥控过程信息的完整性。

一、设备遥控传动应具备条件

（1）已完成一、二次设备安装调试。

（2）完成设备就地二次回路核查及绝缘测试。

（3）已完成遥信、遥测试验。

（4）遥控传动试验所需的安全措施已实施到位。

二、设备遥控传动检查项目及要求

（一）测控装置遥控功能调试

（1）检查装置液晶界面一次接线图与实际一致，并能进行遥控操作。

（2）装置远方 / 就地把手切换至就地时，液晶界面遥控操作成功；切换至远方时，遥控操作闭锁。

（3）装置解锁 / 联锁把手切换至联锁时，具备间隔闭锁功能；切换至解锁时，无闭锁功能。

（4）遥控操作应分类明确，如检同期、检无压、强制合闸等，且遥控结果正确。

（二）装置检同期功能与同期参数定值校验

（1）建模原则：基于 DL/T 860 的同期模型应按照检同期（CBSynCSWI）、检无压（CBDeaCSWI）、强制合闸（CBCSWI）分别建立不同实例的 CSWI，不采用 CSWI 中 Check（检测参数）的 Sync（同期标志）位区分同期合与强制合，同期合闸方式的切换通过关联不同实例的 CSWI 实现，不采用软压板方式进行切换。

（2）检同期：投入检同期功能时，系统侧和待并侧电压幅值、压差、角差、频差等同时满足同期条件，选择同期合闸方式能正常出口，否则遥控失败。

（3）检无压：投入检无压功能时，系统侧和待并侧任意一侧无压，遥控选择无压合闸方式能正常出口，否则遥控失败。

（4）强制合闸：遥控选择强制合闸方式均能正常出口。

（5）出口时间：发一次合闸命令，测得其开出节点的保持时间即为出口时间，出口时间为可整定的选项，测试结果应与定值数值一致。

（6）后台（及远动）遥控功能检查：通过远方的遥控操作来进行对应遥控同期功能的验证，应与就地同期功能一致，且经设备就地状态闭锁。

（三）遥控正确性验证

遥控正确率要求达到100%，全站同一时间只能执行一个控制命令。

（1）检查遥控各类操作对象（断路器、隔离开关、软压板、变压器挡位以及装置远方复归等）操作界面的相关信号状态与实际一致。

（2）遥控各类操作对象，相应设备均应正确动作。

（3）遥控操作时应同时验证遥控操作权限及调度命名的正确性。

（4）遥控失败时，应有操作告警，并给出对应的失败原因提示。

第六节 防误逻辑联锁、闭锁功能调试

防误逻辑联锁、闭锁功能是变电运行防止误操作的重要技术措施之一。应严格按照防误逻辑表进行逐条逐项验证，试验范围覆盖站控层、间隔层、机构电气闭锁，试验内容包括正、反逻辑的联锁、闭锁验证。通过防误逻辑联锁、闭锁功能的调试，保障变电运行操作时的人身安全、设备安全和电网安全。

一、防误逻辑联锁、闭锁功能调试应具备条件

（1）已完成设备遥控传动试验。

（2）已提供经运维人员或相关归口管理部门审核无误的闭锁逻辑表。

（3）测控装置、监控主机已完成联锁、闭锁逻辑配置。

二、防误逻辑联锁、闭锁功能调试项目及要求

（一）间隔层设备“五防”及联锁、闭锁功能验证

间隔层联锁、闭锁，即通过测控装置实现的逻辑联锁、闭锁功能。当测控装置的解锁/联锁把手切换至联锁时，具备间隔闭锁功能；切换至解锁时，无闭锁功能。

间隔层联锁、闭锁根据测控装置自身采集的断路器、隔离开关位置信息，以及与其他测控装置的水平通信，按照联锁、闭锁逻辑，实现对隔离开关操作的闭锁。现场验证时，先进行正逻辑验证，保证所有隔离开关在满足联锁、闭锁条件下可以正常操作，然后采用反逻辑方式，验证不满足其中某一条件下，隔离开关操作被闭锁。

监控后台间隔分图画面的隔离开关位置旁边会设置联锁、闭锁状态标识，如果显示允许，则代表测控逻辑条件满足，如图3-5所示。

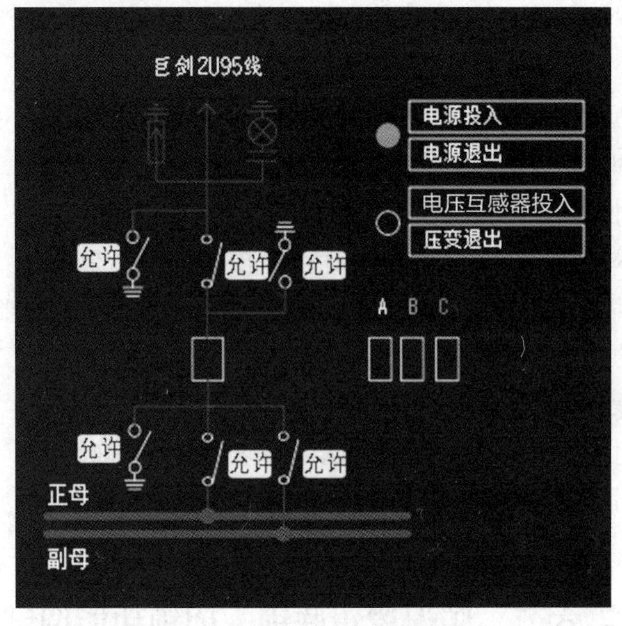

图 3–5　间隔分图——一次接线图部分

（二）站控层“五防”及联锁、闭锁功能验证

监控后台具备联锁、闭锁投入、退出功能，应与独立“五防”机通信正常。

站控层联锁、闭锁逻辑验证一般采用离线验证方式，即利用遥信置位功能，完成设备状态切换，对联锁、闭锁正反逻辑进行校验。变电站内通用的联锁、闭锁原则如下：

1）开关合位闭锁相邻隔离开关操作，但不闭锁接地开关操作；

2）隔离开关合位闭锁相邻接地开关操作；

3）接地开关合位闭锁相邻隔离开关操作；

4）断路器与主变作为连接点考虑，例如开关线路侧接地开关合位会闭锁母线隔离开关操作；

5）双母接线方式的母线隔离开关受两种闭锁逻辑约束，如表 3–5 所示，这两条闭锁逻辑相互独立，即母线隔离开关的操作只需满足两者之一。

表 3–5　　220kV 线路母线隔离开关闭锁逻辑（0 表示分闸状态，1 表示合闸状态）

操作设备	正母隔离开关	副母隔离开关	断路器母线侧接地开关	断路器	开关线路侧接地开关	线路隔离开关	线路接地开关	正母接地开关	副母接地开关	母联正母隔离开关	母联断路器	母联副母隔离开关
正母隔离开关		0	0	0	0			0				
		1								1	1	1
副母隔离开关	0		0	0	0				0			
	1									1	1	1

第七节　程序化控制功能测试

程序化控制是变电站倒闸操作的一种操作模式，可实现操作项目软件预制、操作任务模块式搭建、设备状态自动判别、防误联锁 / 闭锁智能校核、操作步骤一键启动、操作过程自动顺序执行。程序化控制功能涉及的环节较多、功能验证复杂，需在该功能投入前，充分验证其正确性、一致性和控制过程信息的完整性。

一、程序化控制功能测试应具备条件

（1）已完成设备遥控传动试验。

（2）已完成防误逻辑联锁、闭锁功能验证。

（3）运维人员提供经确认的程序化操作票。

（4）监控后台厂家已按操作票完成后台系统的录入工作。

二、程序化控制功能测试项目及要求

程序化控制操作应具有开始、终止、暂停、急停、继续操作、编辑和记录等一系列相关的功能，如图 3–6 所示。

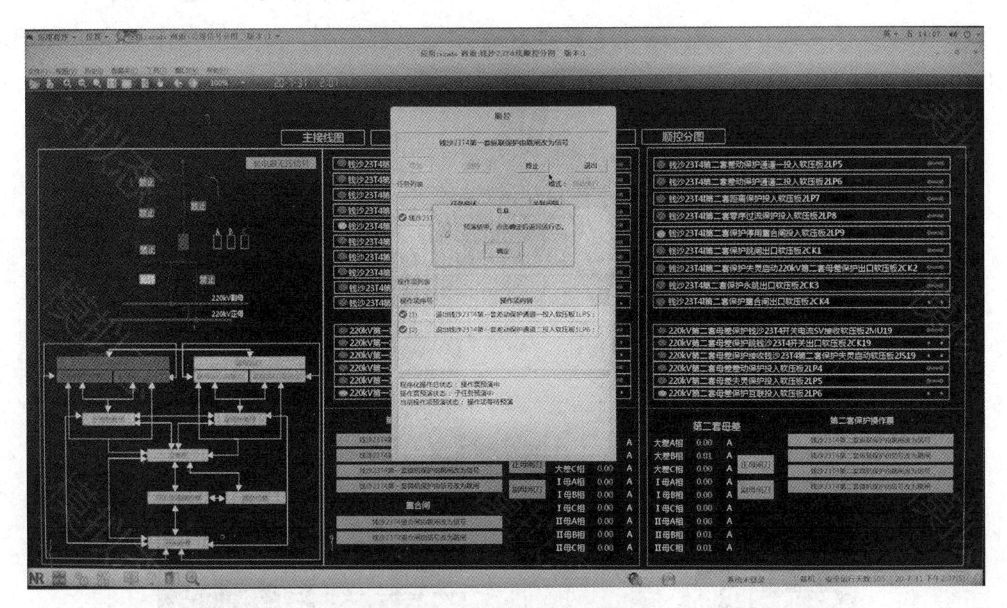

图 3–6　程序化预演界面

（一）程序化控制典型操作票核查

进入操作票编辑界面，依次查看操作票是否具备编辑、修改、生成、添加、删除、复制等功能，如图 3–7 所示。

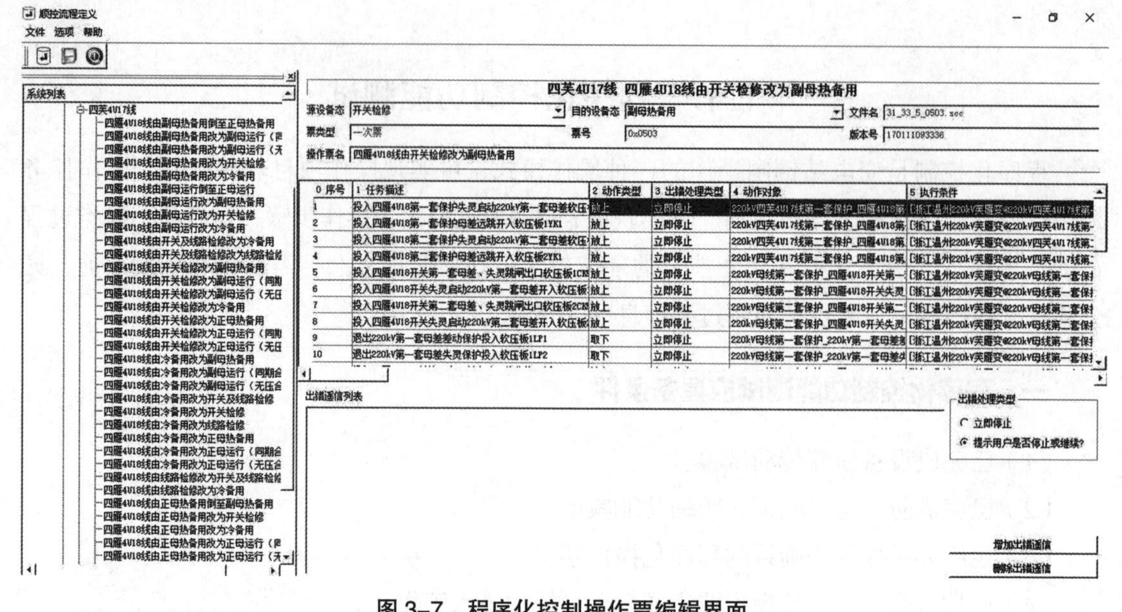

图 3–7　程序化控制操作票编辑界面

（二）程序化控制预演、执行、权限等功能验证

进入程序化操作界面，如图 3-8 所示。

（1）验证程序化控制预演、执行序列、异常判别等功能正确。

（2）验证程序化控制操作界面操作内容、步骤及操作过程等提示信息正确。

（3）支持程序化操作开始、终止、暂停、继续等过程控制，并提供操作的全过程记录。

（4）程序化操作具备权限验证功能。

图 3–8　程序化操作界面

三、一键顺控项目及要求

一键顺控相对于现阶段的程序化控制，加入了一次设备位置的双确认功能和智能防误主机，并具备调控机构远方顺控功能，真正意义上实现变电站自动倒闸操作，不需要运维人员到现场检查一次设备实际状态再进行下一步操作。

一键顺控功能包括预制操作票库、生成任务、模拟预演、指令执行、操作记录等。验证方法与程序化控制类似，对操作票库、监控主机防误规则、智能防误主机防误规则以及操作界面、操作功能进行核查、调试。

（一）一键顺控系统架构

一键顺控系统架构图如图 3–9 所示，监控主机负责站内实时数据的采集、处理，应具备站内设备的一键顺控、防误闭锁、运行监视、操作与控制等功能。监控主机与Ⅰ区数据通信网关机通信，传输一键顺控数据；监控主机与智能防误主机通信，传输防误数据。

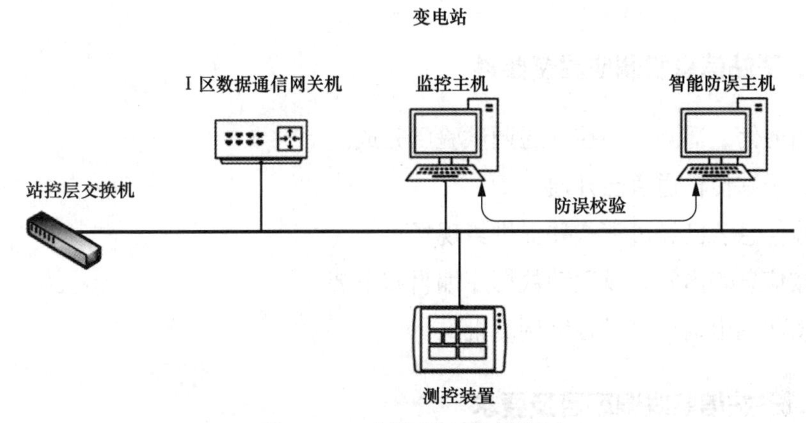

图 3–9　一键顺控系统架构图

模拟预演和指令执行过程中采用双套防误机制校核的原则，一套为监控主机内置的防误逻辑闭锁，另一套为独立智能防误主机的防误逻辑校验，以防止发生误操作。监控主机应具备“口令 + 指纹或数字证书”双因子验证功能，对操作人、监护人同时进行权限验证。

Ⅰ区数据通信网关机应具备数据采集、处理、远传等基本功能，还应具备单点遥控和一键顺控指令转发、执行结果上送等功能。智能防误主机从监控主机获取全站设备状态，应具备面向全站设备的操作闭锁功能，应为一键顺控操作提供模拟预演、防误校核功能。

（二）一次设备位置双确认

一次设备双确认包括断路器和隔离开关。断路器位置的双确认应采用“位置遥信 + 遥测”判据。位置遥信作为主要判据，采用分 / 合双位置辅助接点，分相断路器遥信量采用分相位置辅助接点。遥测量提供辅助判据，采用三相电流或电压，如无法采用三相电流和电压时，应增加三相带电显示装置，采用三相带电显示装置信号作为辅助判据。隔离开关位置的双确认应采用“位置遥信＋辅助位置遥信”判据。辅助位置遥信借助隔离开关的图像识别、压力传感器或姿态传感器实现隔离开关位置的再确认。

第八节　主、子站调控信息联调

数据通信网关机作为主、子站之间信息交互的主要设备，收集变电站内所有设备的信息，通过调度数据网将站内信息上送给各级调控中心，并执行调控中心下发的指令。目前变电站以无人值班模式为主，数据通信网关机必须上送正确、完整的信息，确保调控中心对变电站一、二次设备的监视和控制。

主、子站信息联调是通过变电站一、二次设备、传输通道、调控主站进行联合调试，验证系统功能的完整性，二次回路和信息传输的正确性，以及传输规约一致性。信息联调范围包括通信参数调试、各类信息的联调（遥测、遥信、遥控、遥调）以及传输通道切换试验等。

一、主、子站信息联调应具备条件

（1）站内遥信、遥测、遥控、遥调试验已完成。

（2）主、子站传输通道已开通。

（3）调控信息表已经过审查并提供给现场。

（4）已按信息表内容完成远动数据库编辑和下装。

（5）信息联调申请已经过各级调度批准。

二、主、子站信息联调项目及要求

（一）通信参数设置检查

在变电站与调度之间的通信过程中，数据通信网关机是调度主站前置机的服务器端，同时也是各 IED 的制造报文规范 MMS 服务客户端，因此需分别检查数据通信网关机对上和对下的通信参数配置。对上通信参数主要包括 IP 地址、104 规约相关配置、信息转发表等，对下通信参数主要包括 IP 地址、报告实例号、SCD 配置等。

在完成参数设置后，应对数据通信网关机进行通信测试，测试内容包括：

（1）与站内 IED 设备之间的通信功能测试：重启数据通信网关机或 IED 设备，测试通信初始化过程，检查各 IED 报告控制块数据的接收情况。

（2）与各级调度之间的通信功能测试：检查数据通信网关机与各级调度之间通信建立情况、数据传输情况。

（3）通信中断并恢复后相关机制的处理，应保证不误发、漏发信号。

（二）各类信息的联调

常用的联调可按照下述方法进行，联调时应关注相关联动信号的上送以及信息品质上送：

（1）一次设备的位置信息应通过一次设备的实际位置核对。

（2）对于硬接点信号的联调可通过与公共端短接的方式进行。

（3）对于软信号，如保护相关的动作信息、告警信息，可通过保护装置传动等方式进行联调。

（4）IED 的 GOOSE、SV、MMS 断链或异常信息可通过断开对应的光纤或网线进行联调，对时告警信号可通过断开装置的对时源进行联调。

（5）遥测信息的联调可通过各测控装置由常规校验仪或者数字式校验仪进行加量试验；

（6）遥控的联调应由调控中心对站内一次设备进行实际操作。

（7）远方调取程序化控制操作票，操作票内容应与站内一致，并能可靠执行、暂停或终止。

（三）主、子站传输通道切换及缓存信息重发试验

主、子站传输通道切换及缓存信息重发试验主要包括数据通信网关机的缓存信息重发试验、双主机冗余切换试验和各级调度通道切换功能试验。

（1）缓存信息重发试验：试验一，持续发送变位信号，断开一条通道链路，并重新连通该链路，在主站端检查此通道是否接收到链路断开至重新恢复连接过程中装置缓存的 SOE 信号。试验二，持续发送变位信号，断开一条通道链路，主站端手动切换至另一条链路，检查主站是否接收到链路断开至通道建立过程中装置缓存的 SOE 信号。

（2）数据通信网关机的双主机冗余切换试验：通过连续触发信号，在接收端查看所有信号接收情况。应保证在主机切换过程中数据通信网关机不误发、漏发信号。

（3）各级调度通道切换功能试验：通过通道切换，逐一验证各个通道的功能正确。考虑信息表的一致性和重要程度，遥信、遥测、遥调可以采用全核对和抽选核对方式，遥控验证应进行全部信息点试验。

（四）信息联调的其他注意事项

（1）遥测信息联调中应注意对变化量死区进行校核。

（2）对于在数据网关机内部进行处理的信息，如与实际信息取反的，应注意与后台监控主机与装置实际信息之间的不同。

（3）对于合成信号，应模拟所有分信号，保证信息合成的正确性。

（4）对于遥测转遥信或遥信转遥测的信号，应注意两者之间的转换关系。

（5）信息联调时，不仅要核对信息的动作、复归情况，还需核对信息的具体动作时间，并检查该信息是否需 SOE 上送。

对于新建变电站的信息联调，数据通信网关机和调度数据网的通信通道均为新建设备，

因此在联调时，应重点关注通信环节和信息上送的正确性。而对于扩建变电站的信息联调，其通信已完全建好，重点关注扩建设备的上送信息，以及与运行设备之间的隔离措施，保证在运设备运行稳定的前提下进行设备的联调，同时应注意联调过程中运行方式变化给联调带来的影响。

第九节　远方智能对点技术

一、智能对点基本技术

在主子站调控信息联调中，除了常规的遥信对点方式，还可以采用智能对点的新技术，进行遥信信息联调，提升工作效率。

智能对点是指在变电站与调控主站遥信联调工作中，利用智能对点专用调试工具实现变电站数据通信网关机遥信转发自动校核以及主子站间快速信息核对的高效信息联调方式。

在传统的遥信对点工作中，作业人员需要经常更换试验间隔，而且会与其他专业调试工作交叉作业，工作效率不高。除此以外，传统核对过程中，合并信号的验证不够完整，往往只验证一条分信号，而且缺乏试验数据记录，导致试验可靠性和完整性不足。智能对点技术的诞生解决了传统遥信对点的不足。

智能对点技术依托已验证过的SCD信息模型、MMS通信仿真技术，根据SOE时间和104地址的唯一性等条件，利用智能对点专用调试工具，快速、高效、科学地完成遥信转发自动校核工作，提高了监控系统主、子站信息联调效率，有效保障新、改（扩）建工程按时顺利投产。

二、智能对点方法

智能对点技术主要通过全景信息扫描方式，获取完整的数据通信网关机内的信息转发对应关系库，通过判断该关系库与调控信息对应表内容的一致性来完成校核工作。具体而言，智能对点专用调试工具将SCD中所有DO带着工具标记的唯一SOE时间，以全变0、全变1或自复位变化（先变1再变0）的方式，按极短的时间间隔（如50ms）自动向数据通信网关机发送信息；调试工具模拟主站接收并解析数据通信网关机发出的104报文，通过SOE时间的唯一性得到104信息对象地址与SCD中DO的对应关系，即104地址与reference的对应关系；同时，监控后台可按SOE时间搜索导出对应时刻被触发的历史告警记录；调试装置将SCD、104报文和监控后台历史告警信息整合生成关系库，并与调控信息表对比，形成校核报告。

智能对点技术在现场运用中，可将一台数据通信网关机、一台监控主机与调试工具独立组网，避免受现场其他调试工作的影响，如图3–10所示。

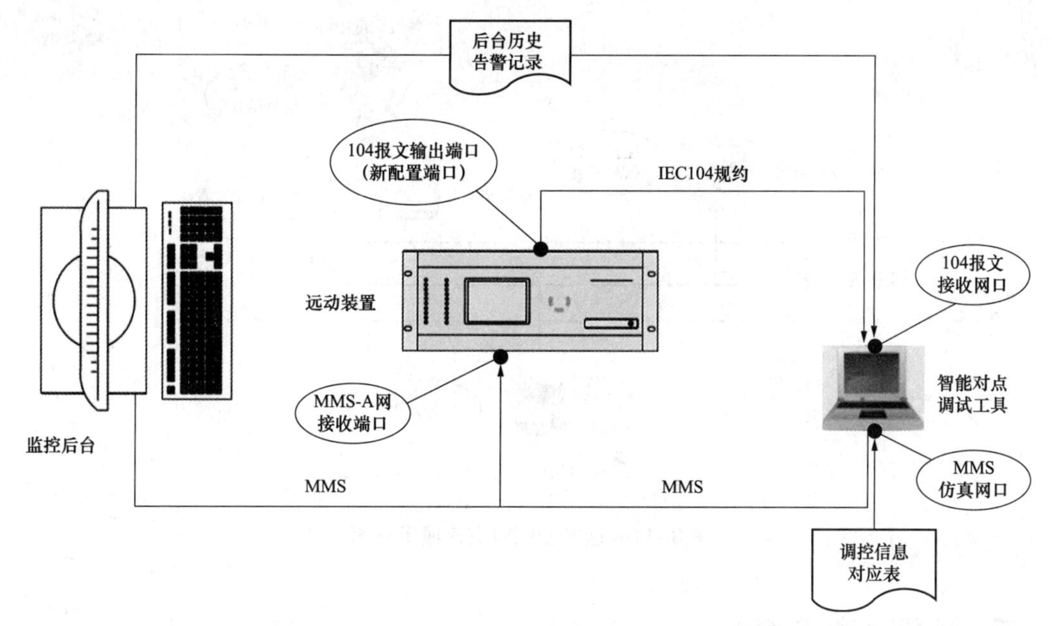

图 3–10　变电站内智能对点拓扑图

智能对点的主要方法如下：

（1）将 SCD 文件导入调试工具，解析全站间隔层设备，仿真数据模型，进行预处理，确定全站的信息；

（2）使用调试工具，通过站控层网络自动向监控后台和数据通信网关机发送带有 SOE 时标的 MMS 报文；

（3）在发送 MMS 报文的同时，形成调试工具的操作记录文件；

（4）数据通信网关机在收到 MMS 报文后，根据配置的遥信转发表，向调试工具上送相应的 104 报文；

（5）监控后台在收到 MMS 报文后，形成监控后台记录文件；

（6）调试工具对收到的 104 报文进行解析并记录，形成模拟主站记录文件；

（7）调试工具中的多数据源离线处理模块读取调控信息表、调试工具记录文件、监控后台记录文件、模拟主站记录文件，并根据 SOE 时标和地址等信息要素进行信息的关联和核对；

（8）多数据源离线处理模块自动生成调试报告和实际的信息映射表；

（9）作业人员根据调试报告，对数据通信网关机的配置进行修正，并再次借助调试工具核对，直至正确；

（10）完成厂站端的智能对点工作后，在数据网通道开通后，厂站端利用调试工具配合实际主站进行遥信核对，如图 3–11 所示。

智能对点技术在厂站端确保了信息映射的准确性，可以提前发现和处理厂站端的缺陷和问题，为与主站端的联调节约大量时间。

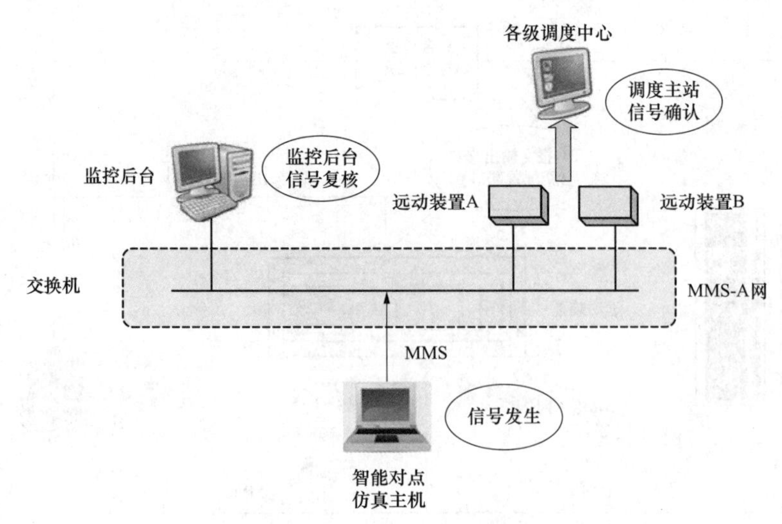

图 3-11　远方智能对点接线示意图

三、智能对点结果判别

智能对点专用调试工具在全景扫描过程中，能实时显示接收到的 104 报文，当全景扫描完成之后，可得到数据通信网关机的实际转发表，如图 3-12 所示。“数据分析”页面的第一列为 104 信息对象地址，第二列为主站描述信息，第三列为站内描述信息，第四列为 SCD 文件描述信息（导入监控后台的历史事件记录文件后，则显示监控后台描述），第五列为 MMS 信号的路径。前三列由调控信息表提供，第四列由 SCD 或监控后台记录文件提供，第五列由调试工具记录文件提供。

全景扫描

模拟主站　数据仿真　数据分析

路径匹配　清空结果　删除本行　刷新描述　导出分析表　导入后台记录　显示过滤：全部

104点号：1　定位　104点号显示：◉ 十进制　○ 十六进制

	调控表地址	调控信息描述	变电站对应信息	监控后台描述	监控后台路径	校验结果
1	34	预留				待确认
2	35	乔艮线5011开关间隔事故信号	乔艮线5011开关第一套智能终端事故总 乔艮线5011开关第二套智能终端事故总	5011开关测控_第一套智能终端事故总 500kV公用测控一_5011开关第二套智能终端事故总	CB5011CTRL/GSGGIO1STInd8 CG5001CTRL/GSGGIO4STInd31	待确认
3	36	乔艮线5011开关A相	乔艮线5011开关断路器Q1A相位置	5011开关测控_5011A相开关	CB5011CTRL/CSWI14STPos	待确认
4	37	乔艮线5011开关B相	乔艮线5011开关断路器Q1B相位置	5011开关测控_5011B相开关	CB5011CTRL/CSWI15STPos	待确认
5	38	乔艮线5011开关C相	乔艮线5011开关断路器Q1C相位置	5011开关测控_5011C相开关	CB5011CTRL/CSWI16STPos	待确认
6	39	乔艮线50111闸刀	乔艮线5011开关Q11隔离开关位置	5011开关测控_50111闸刀	CB5011CTRL/CSWI2STPos	待确认
7	40	乔艮线50112闸刀	乔艮线5011开关Q12隔离开关位置	5011开关测控_50112闸刀	CB5011CTRL/CSWI3STPos	待确认
8	41	乔艮线501117接地闸刀	乔艮线5011开关Q117隔离开关位置	5011开关测控_501117接地闸刀	CB5011CTRL/CSWI6STPos	待确认
9	42	乔艮线501127接地闸刀	乔艮线5011开关Q127隔离开关位置	5011开关测控_501127接地闸刀	CB5011CTRL/CSWI7STPos	待确认
10	43	乔艮线5011开关电流互感器SF6气压低...	无此信号			待确认
11	44	乔艮线5011开关0号气室SF6气压低告警	乔艮线5011开关CB(Q1)气室SF6气体压力降低	5011开关测控_CB气室SF6气体压力降低	CB5011CTRL/GSGGIO2STInd3	待确认
12	45	乔艮线5011开关0号气室SF6气压低闭锁	乔艮线5011开关CB(Q1)气室SF6气体压力闭锁1	5011开关测控_开关气室SF6气体压力闭锁1	CB5011CTRL/GSGGIO1STInd23	待确认
13	46	乔艮线5011开关1号气室SF6气压低告警	乔艮线5011开关隔刀1侧G11报警	5011开关测控_G11气体压力降低	CB5011CTRL/GSGGIO2STInd12	待确认
14	47	乔艮线5011开关2号气室SF6气压低告警	乔艮线5011开关隔刀2侧G12气室报警	5011开关测控_G12气体压力降低	CB5011CTRL/GSGGIO2STInd23	待确认
15	48	乔艮线5011开关其他气室SF6气压低告警	无此信号（无其他气室）			待确认
16	49	乔艮线5011开关汇控柜电气联锁解除	乔艮线5011开关解锁开关解锁位置	5011开关测控_解锁开关解锁位置	CB5011CTRL/GSGGIO1STInd32	待确认
17	50	乔艮线5011开关汇控柜交流电源消失	乔艮线5011开关刀闸控制空开分闸 乔艮线5011开关电机空开分闸 乔艮线5011开关CB电机电源空开分闸 乔艮线5011开关LCP柜加热空开分闸 乔艮线5011开关机构加热空开分闸	5011开关测控_刀闸控制空开分闸 5011开关测控_刀闸电机空开分闸 5011开关测控_CB电机电源空开分闸 5011开关测控_LCP柜加热空开分闸 5011开关测控_机构加热空开分闸	CB5011CTRL/GSGGIO2STInd7 CB5011CTRL/GSGGIO2STInd8 CB5011CTRL/GSGGIO2STInd9 CB5011CTRL/GSGGIO2STInd10 CB5011CTRL/GSGGIO2STInd11	待确认
18	51	乔艮线5011开关汇控柜直流电源消失	乔艮线5011开关指示电源空开分闸	5011开关测控_指示电源空开分闸	CB5011CTRL/GSGGIO2STInd6	待确认
19	52	乔艮线5011开关油压低分合闸总闭锁	无此信号（厂家无法给出）			待确认
20	53	乔艮线5011开关油压低合闸闭锁	乔艮线5011开关油压低闭锁合闸（增加外部继...			待确认

图 3-12　调试工具的“数据分析”页面

调试工具生成的联调报告现阶段需人工核查，判断遥信关联是否正确。图 3-13 展示了错配、漏配和正确的示例，第一个是调控信息描述与监控后台描述不符，属于错配；第二个是合成信号，由失电告警和装置告警合成，当装置模拟所有信号变位后，装置告警信号相关信息未被调试工具记录，因此属于漏配；第三个的调控信息描述与监控后台描述的含义相同，故判断为正确。

调控表地址	调控信息描述	监控后台描述	SOE时间	监控后台路径	判断结果
233	5012开关第一套断路器保护CSC-122重合闸动作	5012开关第一套断路器保护死区保护动作	16.11.09.003	PB5012A/PROT/PTOC3/ST/Op	错配
234	5012开关第一套断路器保护CSC-122失电告警	5012开关第一套断路器保护失电告警	16.11.10.042	CB5012/CTRL/BinInGGIO1/ST/Ind5	漏配
	5012开关第一套断路器保护CSC-122装置告警	——			
235	5012开关第一套断路器保护CSC-122运行异常	5012开关第一套断路器保护运行异常	16.11.11.188	CG5002/CTRL/YX1GGIO1/ST/Ind7	正确

图 3-13　智能对点联调报告示例

第十节　网络安全监测装置信息联调

网络安全监测装置通过 SNMP V3 监测变电站内网络安全运行状态，对站内非法外联、攻击告警、USB 设备接入等事件进行实时上送，为调控主站提供站内网络安全信息。

一、网络安全监测装置信息联调应具备条件

（1）站内设备、Agent 等配置已完成。

（2）信息通道已开通，网络隧道需开通 8801 和 8800 端口。

（3）联调申请已批准。

二、网络安全监测装置信息联调测试项目及要求

（一）网络拓扑结构检查

站控层网络划分为安全Ⅰ区与安全Ⅱ区，两个安全区通过防火墙连接，监控主机属于安全Ⅰ区，网络安全监测装置部署于安全Ⅱ区。网络安全监测装置的监测对象包括数据通信网关机、监控主机、防火墙和交换机等，通过非实时交换机上送调度主站，如图 3-14 所示。

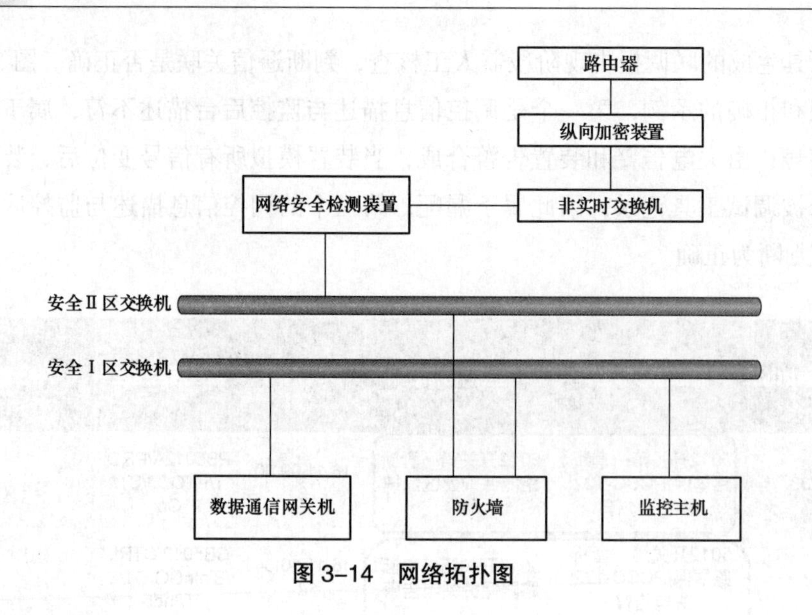

图 3-14 网络拓扑图

（二）网络参数配置

220kV 变电站的网络安全监测装置同时接入省调接入网非实时网络和地调接入网非实时网络，并上送至省调网络安全管理平台，如图 3-15 所示。

220kV 变电站和统调电厂的网络安全监测装置证书通过数字证书系统签发。现场作业人员需对网络安全监测装置配置省调平台 IP 地址、路由信息和优先级配置等内容，调度自动化运维人员需在非实时纵向加密认证装置上添加相应策略，如表 3-6 所示，用于网络安全监测装置与省调平台通信。

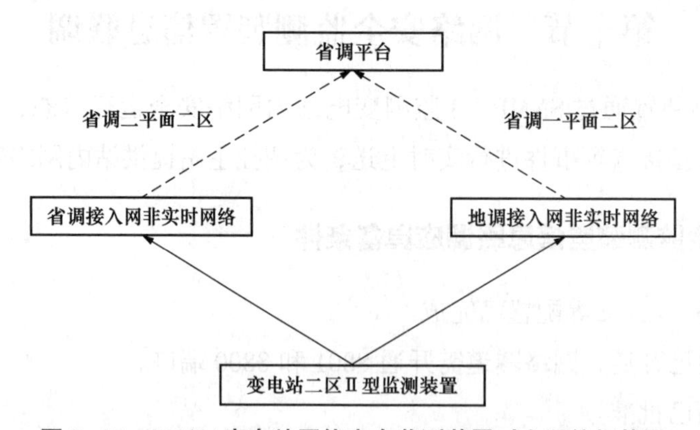

图 3-15 220kV 变电站网络安全监测装置对上通信拓扑图

表 3-6 网络安全监测装置相关隧道策略

内网 IP：监测装置 IP	内网端口：8801	外网 IP：省调平面 IP	外网端口：1024-65535
内网 IP：监测装置 IP	内网端口：1024-65535	外网 IP：省调平面 IP	外网端口：8800

（三）告警信息验证

通过程序或实际模拟告警信息，在主站端核对信息的正确性。告警信息包括以下四类，如表 3–7 所示。

表 3–7　　网络安全监测装置告警信息

序号	告警源	告警信息
1	网络安全监测装置自身监测功能	登录信息； USB 设备插拔信息； 网络外联事件； 装置硬件故障； 装置电源故障
2	主机类监测功能	登录信息； USB 设备插拔信息； 网络外联事件
3	交换机监测功能	配置变更； 修改用户名密码； MAC 绑定关系变更
4	防火墙监测功能	策略修改； 电源故障； 不符合安全策略的访问； 攻击告警

第十一节　告警直传与远程浏览测试

告警直传根据站内遥测越限、数据异常、通信故障等信息，对电网实时运行信息、一次设备信息、二次设备信息及辅助设备信息进行综合分析，通过逻辑推理，生成告警信息并通过数据通信网关机直接上送给调控中心。远程浏览是从远端访问变电站内监控系统图形的实时数据的方法。

一、告警直传与远程浏览应具备条件

（1）信息通道已开通。

（2）告警直传信息表已提供。

（3）告警直传与远程浏览功能的站内配置已完成。

（4）联调申请已批准。

二、告警直传与远程浏览测试项目及要求

（一）告警直传信息检查

（1）调阅告警直传文本信息，应按级别、时间、设备、事件、原因五段式进行描述。

（2）检查告警直传信号应按事故，异常，越限，变位，告知分类。

（3）检查后台告警信息与上送调度端告警直传信息一致。

（二）远程浏览功能验证

（1）在调度端调阅变电站监控画面，画面切换方便、快捷。

（2）支持多客户端同时链接浏览画面，用户数应不小于16个。

第十二节　操作练习

一、遥测联调

（一）案例描述

220kV智能变电站扩建3号主变压器间隔，现场合并单元、测控装置、监控后台、数据通信网关机均已完成配置，并且现场已经完成通流试验、合并单元校验，现需与监控后台、调度主站进行遥测联调。

（二）安全措施

（1）与调度自动化人员取得联系，并做好主站系统的相关数据封锁。

（2）记录测控装置背板光纤接入位置。

（三）技术方案

（1）将SCD文件导入数字式测试仪，并用数字式测试仪模拟3号主变压器高压侧合并单元。

（2）将3号主变压器高压侧测控装置背板光纤拔下，接入数字式测试仪。

（3）通过数字式测试仪施加区分相别的电压、电流值（如A相电压10V、B相电压20V、C相电压30V，A相电流1A、B相电流2A、C相电流3A），将监控后台、调度主站读取到的数值与测试仪核对。

（4）通过数字式测试仪施加多组三相平衡的电压、电流值，分别与监控后台、调度主站对比，并做好记录。

（5）通过数字式测试仪施加额定电压、电流值，改变功率因数角，与监控后台、调度主站核对有功功率、无功功率、功率因数，并做好记录。

（6）用数字式测试仪分别模拟3号主变压器中压侧、低压侧、本体合并单元，采用上述方法进行试验，并做好记录。

（7）将记录数据形成联调报告归档。

二、遥信联调

（一）案例描述

220kV 智能变电站 2201 线测控装置改造，新测控装置已安装就位，并已完成测控装置、监控后台和数据通信网关机的配置，现需与监控后台、调度主站进行遥信联调。

（二）安全措施

（1）与调度自动化人员取得联系，并做好主站系统的相关数据封锁。

（2）防止误入运行间隔、误碰运行设备。

（三）技术方案

（1）根据现场图纸以及遥信点表在该线路第一套智能终端处或测控装置处逐个模拟遥信信号变位，观察监控后台光字牌变化情况，并与调度主站进行核对。

（2）更正错误遥信关联，再次核对信号，并将调试数据形成联调报告归档。

三、遥控联调

（一）案例描述

在 220kV 智能变电站扩建工程中，2203 线已完成遥信遥测联调试验，现需与监控后台、调度主站进行遥控联调。

（二）安全措施

（1）与调度自动化人员取得联系，并做好主站系统的相关数据封锁。

（2）防止误控其他间隔，需将所有运行间隔的测控装置“远方 / 就地”把手切至就地状态。

（三）技术方案

（1）通过数字式测试仪或合并单元，输出电压、电流等数字量至测控装置，根据测控同期定值，校验同期功能。

（2）在监控主机上对该间隔断路器、隔离开关、装置软压板等对象进行遥控，观察遥信变位情况，如发现异常，应检查原因并及时处理。

（3）根据遥控信息表，与调度主站联调，核对断路器、隔离开关遥控的正确性，并测试断路器的检无压合闸、检同期合闸功能。

（4）修正错误关联，再次进行试验，并将调试数据形成联调报告归档。

四、远方智能对点

（一）案例描述

在 220kV 智能变电站基建工程中，站内遥信试验已完成，数据通信网关机已完成配置，现需进行远方智能对点，完成遥信联调。

（二）安全措施

（1）与调度自动化人员取得联系，并做好主站系统的相关数据封锁。

（2）将现场一台数据通信网关机和一台监控主机与智能对点调试工具独立组网。

（三）技术方案

（1）将现场一台数据通信网关机和一台监控主机与智能对点调试工具独立组网。

（2）将数据通信网关机中所有转发信号置为SOE，将SCD文件和调控信息表导入智能对点调试工具。

（3）利用调试工具将SCD中所有DO通过MMS自动发送变位数据至监控主机和数据通信网关机。

（4）调试工具模拟调度主站接收数据通信网关机发出的104报文，并自动解析、记录报文。

（5）调试工具自动校核完成后，将监控后台生成的告警历史记录导入调试工具，生成调试报告。

（6）根据调试报告修正数据通信网关机的遥信转发表配置，并再次进行自动校核直至所有信息核对正确。

（7）核对无误后，申请与实际调度主站开展信息联调工作（此时，数据通信网关机的SOE配置应恢复原状，数据通信网关机发出的104报文不接入智能对点调试工具，而是直接发送至调度主站）。

（8）调试人员利用智能对点调试工具逐个模拟遥信信号，观察监控后台画面，同时与调度主站核对数据。

（9）联调结束后，调控中心和安装调试单位分别形成监控信息联调报告。

第四章 智能变电站监控系统现场验收

本章介绍智能变电站监控系统现场验收内容及要求，重点是对监控系统设备安装、调试质量进行综合检查，验收环节包括问题汇总与整改闭环，确认监控系统各项功能、性能指标满足变电站运行要求。

第一节 监控系统现场验收通用要求

一、基础条件

（1）验收工作组已成立。

（2）验收大纲已提交并经验收工作组讨论通过。

（3）变电站现场使用的监控系统设备，必须是经过有资质的电力设备质量检验测试机构检验，并取得有效、合格的检验报告和入网许可证的产品。

（4）验收申请已经提交。

二、现场条件

（1）二次设备安装结束，回路检查试验完成，相应的现场一次设备具备联动试验条件。

（2）二次设备站内调试已完成，包括测控装置、合并单元、智能终端、PMU 装置、电能量采集终端、时钟同步装置等设备的整组传动试验已完成，调试整定单已经执行并完成校验。

（3）监控系统站控层设备及各项应用功能调试完成。

（4）电力调度数据网及二次安防设备调试完成，与各级调度通道调试已完成。

（5）变电站与各级主站联调已完成。包括通信网关（数据通信网关机）、PMU 装置、电能量采集终端等设备与主站端的信息核对、文件调阅、遥控联调已完成。

（6）出厂验收时遗留问题已全部处理完毕。

（7）施工单位各级自验收、整改工作已完成。

三、其他条件

（1）监控设备调试报告、系统联调报告、设备技术资料、设计图纸及竣工草图、调试遗留问题等相关资料齐备。

（2）设备命名标识和光纤、熔丝、空开、压板等标牌挂设完成。

（3）测试所需的仪器仪表等工具已经准备就绪，其技术性能指标应符合相关规程的规定，其中计量仪器应经电力行业认可的检定部门检定合格并在有效期之内。

四、安全措施

进入变电站现场，验收人员应着工作服、戴安全帽、穿绝缘鞋、佩戴工作证件，满足现场工作要求。验收工作开始前，验收工作负责人应对验收组成员进行安全交底，包括危险点告知、安全措施布置、应急处置措施等内容。主要安全措施为：

（1）验收人员应了解现场危险点，防止误入运行间隔，防止误碰带电设备。

（2）遥控传动试验的一次设备应确认无人工作，并设专人监护。

（3）注意防止验收过程中出现电压短路或接地、电流开路。

（4）不得误改运行设备参数，防止误控运行设备。

（5）在验收过程中注意不得随意改动设备二次接线，如确需改动，应按相关规定执行，验收结束后恢复原接线。

（6）在验收过程中遇到异常情况时，验收人员应立即停止工作，保持现状，查明原因，确定与本工作无关后方可继续工作。

五、验收记录及验收报告

智能变电站监控系统现场验收测试是依据项目合同和技术规范要求，在监控系统设备已在变电站现场完成安装调试，尚未投运时，按照现场验收试验大纲进行的系统及设备功能和性能测试。

1. 验收记录

验收前，准备符合现场实际的监控系统设备现场验收作业卡。验收作业卡应包含以下内容：

（1）厂站概述：包括一次系统规模、系统网络拓扑、计算机监控系统主设备配置、计算机监控系统辅助设备配置等。

（2）具体验收内容：包括验收项目、验收要求和验收结果。

（3）验收组织信息：验收人员和验收日期。验收时，根据现场验收作业卡项目进行验收，每项验收工作结束，验收人员根据验收情况填写验收记录。记录应有验收人员签名。

以下表格作为220kV变电站测控装置典型验收作业卡，供专业验收人员参考。其中测控装置功能检查见表4–1，测控装置精度检查见表4–2，测控装置同期功能检查见表4–3，测控装置断路器遥控权限检查见表4–4，测试仪器及验收人员记录见表4–5。

表4–1　　　　测控装置功能检查表

序号	检查项目	验收内容与要求	验收结论
1	外观检查	装置电源灯、运行灯、告警灯等状态指示灯无异常	
		装置液晶面板显示无异常	
		压板端子接线无异常	
		屏柜、装置电源回路、装置接地与设计图纸一致	
		装置、端子排、设备接线的标识牌完整明晰	
		装置工作电源、信号电源分别经空气开关输出，屏内直流空气开关满足容量和级差要求	
		拉合直流电源，装置应能正常启动并无其他异常现象	
2	对时功能检查	装置显示时间应与时钟源一致	
		检查测控装置对时，正常时报文中时间品质位为“0A”；对时故障时报文中时间品质位为“4A”	
		检查装置上送相关SOE时标精度应满足要求	
		断开时钟源对时信号，检查装置应上送相应告警信号	
3	装置初始化检查	装置断电重启后，应能与后台和远动设备建立连接，上送数据无异常	
		装置断电重启后，应能与合并单元和智能终端建立连接，数据交互无异常	
4	站控层通信功能检查	装置与站控层设备应能正常通信	
		断开装置MMS通信，站控层相关设备应能正确反映相应告警信息	
		装置上送站控层报告控制块应与信息表内容一致	
5	遥信功能检查	装置本身产生的遥信变位时间及SOE时标应正确	
		装置从关联设备采集并转发的遥信变位时间及SOE时标应正确	
		投退装置检修（测试）压板，上送站控层MMS报文的TEST位应正确反映装置当前状态	
		断开装置与相应智能终端通信，装置应能正确告警，且相关遥信品质位应为无效状态	

续表

序号	检查项目	验收内容与要求	验收结论
6	遥测功能检查	装置变化量死区及零值死区设置应与省公司规范一致	
		装置遥测量变化上送、周期性上送或总召上送应与设置一致	
		断开装置与相应合并单元通信，装置应能正确告警，且相关遥测品质位应为无效状态	
7	遥控功能检查	装置应具有远方 / 就地操作切换把手或压板，通过其可正确切换整间隔控制权限	
		装置液晶面板上应能显示间隔一次接线图，并能在该接线图上正确操作对应设备	
		装置控制功能相关参数及软压板配置应满足监控系统相关技术规范	
		强制合闸时，无论断路器两侧电压是否满足同期或无压条件，均能合闸成功	
		无压合闸时，两侧或一侧无压（小于额定值 30%）才能合闸成功	
		同期合闸时，满足同期条件情况下才能合闸成功	
		检查相关控制回路的转换开关、软 / 硬压板等的唯一性，不应存在寄生回路	
		装置与智能终端检修（测试）压板状态一致方能控制成功	
		装置具备间隔联锁、闭锁功能且联锁、闭锁设置应正确	

表 4–2　　测控装置精度检查表

测试间隔：			（U:　　，I:　　，φ:　　）				
模拟量名	输入值	显示值 I/O	误差	显示值（后台）	误差	显示值（调度）	误差
I_A (A)							
I_B (A)							
I_C (A)							
U_A (kV)							
U_B (kV)							
U_C (kV)							
$\cos\varphi$							

续表

测试间隔：			（U: ，I: ，φ: ）				
模拟量名	输入值	显示值 I/O	误差	显示值（后台）	误差	显示值（调度）	误差
P (MW)							
Q (Mvar)							

表 4–3　　测控装置同期功能检查表

定值描述	整定值	实测动作值	结论
线路无压定值（V）			
母线无压定值（V）			
线路有压定值（V）			
母线有压定值（V）			
压差定值（V）			
角差定值（°）			
频率差定值（Hz）			
合闸脉冲宽度（ms）			
变化量死区			
零值死区			
防抖时间			

表 4–4　　测控装置断路器遥控权限检查表

序号	压板投退	测控装置远方就地	机构远方就地	测控操作	后台操作	结论
1	投入	远方	远方			
2	退出	远方	远方			
3	投入	就地	远方			
4	退出	就地	远方			
5	投入	就地	就地			
6	退出	就地	就地			
7	投入	远方	就地			
8	退出	远方	就地			

表 4-5　　测试仪器及验收人员记录表

测试设备	型号	编号	准确度	有效日期
验收结论：				
验收人员：			验收日期：	

2. 验收报告

验收工作结束，验收人员根据验收情况填写验收报告。记录应有验收人员签名，对验收发现的问题汇总并填写验收消缺闭环单，明确责任单位、责任人及消缺完成时间。验收记录及验收报告应在运维检修部门和专业管理部门存档。验收报告应包括以下内容：厂站概述、验收范围、验收项目、验收人员、存在问题及整改要求、验收结论、验收消缺闭环单。表 4-6 为验收报告典型示例，供参考。

表 4-6　　变电站监控系统验收报告示例图

220kV______变电站监控系统验收报告

一、验收内容
1. 资料及试验报告验收情况：
2. 公用部分验收情况：
3. 装置验收情况：
4. 网络设备及辅助设备验收情况
5. 调控信息联调情况：

续表

6. 系统功能验收情况：
二、存在问题及整改要求：
三、验收结论：
验收负责人签名： 年　　月　　日

缺陷整改完成后，组织复验，针对验收消缺闭环单中的缺陷进行逐项验收确认，并签字。表 4–7 为变电站监控系统验收消缺闭环单典型示例，供参考。

表 4–7　　　　变电站监控系统验收消缺闭环单示例图

XX 变监控系统验收遗留问题处理清单

序号	缺陷内容	消缺意见	责任单位	消缺期限	消缺人	监理验证	复验人	备注
专业组：自动化组								
1								
2								
3								
4								
5								
6								
7								
8								
9								
第 -1- 页　共 1 页								

第二节 资料验收

智能变电站监控系统资料验收包括设计资料验收、厂家资料验收和调试资料验收，主要检查资料的完整性和规范性。

一、设计资料验收

设计单位应提供已校正的设计资料，包括原理图、安装图、监控信息参数及对应关系表、虚端子表、IP 地址配置表、VLAN 配置表、设备和电缆清册。

二、厂家资料验收

制造厂家应提供的技术资料包括技术说明书（含操作手册）、设备合格证、质量检测证明和出厂试验报告。要求出厂试验报告齐全，数据合格。

三、调试资料验收

安装调试单位应提供现场施工调试方案、调试报告、系统集成 SCD 配置文件、调度数据网网络设备 / 应用系统接入申请单及方式单等资料。要求安装调试报告齐全、无漏项、数据合格，且调控信息表已全部经过试验核对正确。

第三节 工艺验收

智能变电站监控系统工艺验收包括端子排工艺验收、组屏及标识验收和接地及防雷验收，主要检查屏柜、设备、线缆安装工艺的规范性。

一、端子排工艺验收

（1）端子排应遵循“功能分区，端子分段”原则，按段独立编号；一个端子的每一端只能接一根导线。

（2）装置对外连接线均应经过接线端子；强电端子和弱电端子应分开排列，且有明显分割。断路器、隔离开关的分合闸回路和公共电源端子之间应加装隔离片或空端子，实现有效隔离。正、负电源端子之间应加装隔离片或空端子，实现有效隔离。

（3）端子应有明显的编号和标识。

（4）当有多台装置同屏布置时，应在标识之前加数字进行区分。

（5）遥信、遥控端子排采用带划片的可断端子排。

二、组屏及标识验收

（1）屏柜应稳固，屏柜插件、插箱、单个组件应安装紧固；屏上的所有设备标签应使用打印标签并就近标识，设备名称与网络拓扑图一致且全站唯一。

（2）电缆线、网线应接线整齐，并捆扎牢固，电缆吊牌、网线标签应使用打印标签。电缆吊牌应包含电缆编号、型号、起止地点等，网线标签应包含起止地点（含屏柜号、设备名称、端口号）等。

（3）芯线端部回路编号应正确，字迹清晰且不易褪色；屏柜内导线不应有接头，多股芯线应压接插入式铜端子后再接入端子排。

（4）备用芯长度应留有适当余量（宜与最长芯长度一致或留至柜顶），备用芯应加专用护套，不应裸露线芯。

（5）电缆进出屏柜的底部或顶部以及电缆管口处应进行防火封堵，封堵应严密。

三、接地及防雷验收

（1）设备金属外壳应连接到独立的保护接地端子上。屏（柜）上装置的保护接地端子应用截面积不小于 $4mm^2$ 的多股铜线和接地铜排相连。屏（柜）前后门及边门应采用截面积不小于 $4mm^2$ 的多股铜线与屏体可靠连接。

（2）数据通信网关机专线通道、关口计量拨号通道和同步时钟天线应加装防雷（强）电击装置。

第四节　智能终端验收

智能变电站智能终端验收内容包括外观检查、初始化检查、光功率检查、对时功能检查、通信状态检查、开入开出量检查和检修机制检查。

一、外观检查

（1）查看装置外观良好，无破损，无受潮、积尘，复归等按钮使用正常。

（2）装置电源灯、运行灯、告警灯等状态指示灯正常，无异常告警。

二、初始化检查

装置断电重启，自检正常，能与间隔层设备建立通信链接，数据通信正常。

三、光功率检查

用光功率计测试智能终端发送的光功率，功率范围在 –20dBm ~ –14dBm 之间。

四、对时功能检查

（1）检查装置 GOOSE 报文中时间品质位值为“0A”（表示对时正常，毫秒级精度）。

（2）断开装置 IRIG-B 码对时光纤接口，利用网络报文抓取分析工具检查装置 GOOSE 变位报文，报文中时间品质位值为“4A”（表示时钟源故障，毫秒级精度），装置对时异常告警指示灯亮，后台对时异常告警光字牌点亮。

五、通信状态检查

取下智能终端组网口的光纤，中断 GOOSE 链路通信，装置面板告警指示灯应点亮，监控后台显示该智能终端 GOOSE 通信中断，检查智能终端联锁、闭锁接点已断开。

六、开入、开出量检查

（1）改变装置开入状态，检查装置面板相应指示灯能正确反应。

（2）通过遥控合上该间隔断路器，在断路器本体机构上就地分闸，检查间隔事故总信号能正确反应。

（3）模拟该智能终端遥控操作，对应一次设备正确动作，一次设备状态正确返回测控装置，测控装置的闭锁接点正确动作。

（4）遥控出口回路应配置出口硬压板，压板投入时，遥控能正常出口，取下时不能出口。

七、检修机制检查

（1）投退装置检修压板，上送测控装置报文“TEST”位正确；检查 TEST 位：“True”表示检修压板投入，“False”表示检修压板退出。

（2）智能终端与测控装置检修状态不一致时，遥控不应出口。

第五节　合并单元验收

智能变电站合并单元验收包括外观检查、初始化检查、光功率检查、对时功能检查、通信状态检查、采样值测量精度检查、电压切换并列功能检查和检修机制检查。

一、外观检查

（1）查看装置外观良好，无破损，无受潮、积尘，复归等按钮使用正常。

（2）装置电源灯、运行灯、告警灯等状态指示灯正常，无异常告警。

二、初始化检查

装置断电重启，自检正常，能与间隔层设备、过程层设备建立通信连接，数据通信正常。且装置重启过程中，采样值不应误输出。

三、光功率检查

用光功率计测试合并单元发送的光功率，功率范围在 –20dBm ~ –14dBm 之间。

四、对时功能检查

（1）检查装置 GOOSE 报文中时间品质位值为“0A”（表示对时正常，毫秒级精度）。

（2）断开装置 IRIG–B 码对时光纤接口，检查装置 GOOSE 变位报文中时间品质位值为“4A”（表示时钟源故障，毫秒级精度），装置对时异常告警指示灯亮，后台对时异常告警光字牌点亮。

（3）对时源消失 10min 后，SV 报文同步标志位应置“0”（同步标志位“1”表示同步，“0”表示失步），检查装置失步告警指示灯点亮，装置 GOOSE 变位报文中时间品质位值为“6A”（表示时钟故障、失步，毫秒级精度），上送失步告警信息。

五、通信状态检查

（1）取下合并单元组网口光纤，中断 SV 链路通信，监控后台应显示该合并单元 SV 通信中断。

（2）级联 SV 断链时，装置面板告警指示灯应点亮，并能发送 SV 断链告警信息。

六、采样值测量精度检查

（1）通过合并单元测试仪测试合并单元角差、比差满足精度要求，电流、电压精度满足 0.2 级。

（2）装置失去同步时钟 10 分钟内，合并单元守时精度优于正负 4μs，电流、电压精度满足 0.2 级。

七、电压切换、并列功能检查

（1）母线解列状态时，电压切换开关处于解列位置，间隔合并单元应根据本间隔正、副母隔离开关位置输出相应的母线电压。

（2）母线并列状态时，电压切换开关强置正母或副母，母线合并单元根据电压切换开关位置输出正母或副母电压。

八、检修机制检查

投退装置检修压板，上送测控装置的 SV 采样报文、GOOSE 变位报文“TEST”位应正确，“True”表示检修压板投入，“False”表示检修压板退出。

第六节　测控装置验收

智能变电站测控装置验收内容包括外观检查、初始化检查、光功率检查、对时功能检查、遥测精度检查、开入量检查、遥控功能检查、同期功能检查和检修机制检查。

一、外观检查

（1）查看装置外观良好，无破损，无受潮、积尘。

（2）人机交互界面显示正常，各按键功能良好。

（3）装置电源灯、运行灯、告警灯等状态指示灯正常，无异常告警。

二、初始化检查

装置断电重启，自检正常，能与站控层设备、间隔层设备、过程层设备建立通信连接，数据通信正常。

三、光功率检查

用光功率计测试测控装置发送的光功率，功率范围在 -20dBm ~ -14dBm 之间。

四、对时功能检查

（1）检查装置 GOOSE 报文中时间品质位值为“0A”（表示对时正常，毫秒级精度）。

（2）断开装置 IRIG-B 码对时光纤接口，检查装置 GOOSE 变位报文中时间品质位值为“4A”（表示时钟源故障，毫秒级精度），装置对时异常告警指示灯亮，后台对时异常告警光字牌点亮。

五、遥测精度检查

用精度不低于 0.05 级的标准测试仪从合并单元侧加入电流、电压，检查测控装置遥测显示值，电流、电压精度应满足 0.2 级，有功、无功精度应满足 0.5 级。

六、开入量检查

（1）改变一次设备状态，检查相应的测控装置 GOOSE 开入量显示正确；改变远方 / 就地切换开关至远方，检查测控装置显示正确。

（2）断开 GOOSE/SV 链路光纤，装置能正确反映 GOOSE/SV 断链告警。

七、遥控功能检查

（1）检查装置液晶界面一次接线图与实际一致，并能进行遥控操作。

（2）装置远方 / 就地开关切换至就地时，液晶界面遥控操作成功；切换至远方时，遥控操作失败。

（3）装置解锁 / 联锁开关切换至联锁时，具备间隔闭锁功能；切换至解锁时，无闭锁功能。

（4）同期合、无压合、强制分合操作应正确。

八、同期功能检查

（1）检同期：投入检同期功能，系统侧和待并侧有压、压差、角差值同时满足同期条件，同期合闸方式能正常出口，否则无法出口。

（2）检无压：投入检无压功能，系统侧和待并侧任意一侧无压，无压合闸方式能正常出口，否则无法出口。

九、检修机制检查

（1）投退装置检修压板，测控装置 GOOSE 变位报文“TEST”位正确（“True”表示检修压板投入，“False”表示检修压板退出）；MMS 变位报文“TEST”位正确（“1”表示检修压板投入，“0”表示检修压板退出）。

（2）测控装置与智能终端检修状态不一致时，遥控不应出口。

（3）测控装置投入检修状态时，闭锁所有站控层遥控。

第七节　监控主机验收

智能变电站监控主机验收包括外观检查、电源检查、对时功能检查、监控画面检查、告警功能检查、遥控功能检查、应用功能检查、历史数据检查、报表和曲线功能检查、权限功能检查和系统自诊断功能检查。

一、外观检查

（1）智能变电站监控主机外观完好无损、无积尘，设备数量、型号与设备清单相符。

（2）智能变电站监控主机电源灯、运行灯和硬盘读写指示灯状态正常。

（3）显示器、延长器固定牢固，画面清晰。

二、电源检查

（1）智能变电站监控主机电源按双电源配置，两路电源分别由不同的不间断电源供电。

（2）电源接线应与图纸相符。

（3）断开监控主机任一路电源，设备仍能正常运行，相应的电源故障告警指示灯正确反应。

三、对时功能检查

（1）智能变电站监控主机与站内时钟同步装置采用 SNTP 协议对时，时间显示正确；修改监控主机时间，能在 5min 内恢复正确时间。

（2）分别断开监控主机 A 网、B 网，修改监控主机时间，能在 5min 内恢复正确时间。

（3）通过网络报文记录分析装置检查 SNTP 报文，监控主机与时钟源时间差小于 1s。

四、监控画面检查

（1）查看智能变电站监控主机监控画面，应包含索引图、监控系统结构图、主接线图、间隔分图、通信状态图、交换机端口配置图、一体化电源系统图、CVT 监视图、VQC 控制图、SV/GOOSE 二维表、时钟同步监测管理图等。

（2）依次点击索引图各链接进入相应画面，实时画面响应时间不大于 1s。其他画面响应时间应不大于 2s。

（3）图形画面布局、着色合理，信息命名与实际一致，信息显示正确，画面刷新时间满足规范要求。

五、告警功能检查

（1）智能变电站监控系统将收到的告警信息按事故信息、异常信息、变位信息、越限信息和告知信息进行归类，并设置不同音响、颜色。

（2）事件顺序记录功能正常。

（3）检修信息归入检修事件窗，独立显示。

（4）历史信息检索支持按间隔、时间、模糊进行索引。

（5）允许人机界面对告警信息进行封锁和解除。

六、遥控功能检查

（1）检查遥控各类操作对象（断路器、隔离开关、软压板、变压器挡位以及装置远方复归）操作界面的相关信号状态与实际一致。

（2）遥控各类操作对象，相应设备均应正确动作。

（3）遥控操作时应同时验证遥控操作权限及调度命名正确性。

（4）检同期：系统侧和待并侧有压、无压、压差、角差值同时满足同期条件，遥控选择同期合闸方式能正常出口，否则不能出口。

（5）检无压：系统侧和待并侧任意一侧无压，遥控选择无压合闸方式能正常出口，否则不能出口。

（6）强制合闸：遥控选择强制合闸方式均能正常出口，否则不能出口。

七、应用功能检查

（1）具有“五防”操作预演界面。

（2）监控主机能正确显示各一次设备的联 / 闭锁状态，具备联 / 闭锁投入、退出功能。

（3）具备虚拟检修挂牌功能。

（4）与“五防”电脑钥匙通信正常。

（5）监控系统具备一次设备、二次设备程序化操作功能。

（6）程序化控制操作应具备开始、终止、暂停、急停、继续操作、记录等功能。

（7）检查监控系统具备电压无功自动控制功能，并能根据调度要求进行相关定值、策略、控制方式、闭锁及复归方式等参数设置。

（8）调阅监控系统 CVT 告警功能画面。

八、历史数据检查

（1）对状态变位、事件、越限等信息，应允许用户选择并按时间顺序转存历史数据库。

（2）应能根据时间、对象、性质对历史数据进行查询。

（3）具备历史数据打印功能。

九、报表和曲线功能检查

（1）报表、曲线类型应齐全且格式符合现场运行要求，报表显示数据正确，报表调用应方便快捷。

（2）打印功能满足使用要求。

十、权限功能检查

（1）检查系统设置，具备增加、删除用户组及用户权限、密码修改功能。

（2）检查系统设置，具备设置操作员、监护员、管理员等不同用户权限的功能。

十一、系统自诊断功能检查

（1）主机退出运行，监控系统自动切换到备机运行。

（2）核对主、备机实时数据库数据一致。

（3）退出某一进程，查看监控主机有报警或进程能够自动重启。

第八节 数据通信网关机验收

智能变电站数据通信网关机验收内容包括外观检查、电源检查、对时功能检查、通信参数检查、信息采集检查、信息上送检查、初始化检查、信息联调检查。

一、外观检查

（1）检查装置电源灯、运行灯、告警灯等状态指示灯无异常。

（2）检查装置液晶面板显示无异常，按键使用正常。

（3）检查装置外观无异常，无受潮、积尘。

二、电源检查

（1）检查两套Ⅰ区数据通信网关机供电方式，应采用直流电源供电，且来自不同直流电源。

（2）拉开站内一段直流电源，检查冗余配置的Ⅰ区数据通信网关机，只允许一台Ⅰ区数据通信网关机失电。

（3）数据通信网关机失电后应能上送告警信息。

三、对时功能检查

（1）检查装置 IRIG-B 对时正常，修改Ⅰ区数据通信网关机时间，能在 5min 内重新与时钟同步装置对时，对时误差应不大于 1ms。

（2）断开 B 码接线，检查装置液晶面板上的时钟对时状态，应有对时异常告警提示。

四、通信参数检查

通过数据通信网关机组态工具，检查装置地址、业务地址、链路地址、信息上送类型等相关参数配置应正确。

五、信息采集检查

（1）通过组态工具软件查看测控装置、保护装置等二次设备与数据通信网关机通信状态。

（2）通过组态工具软件查看遥测、遥信信息采集。

（3）通过组态工具软件查看信息合并、逻辑计算功能。

六、信息上送检查

（1）通过数据通信网关机组态工具检查数据通信网关机转发信息表与调控信息表（对应表）一致，与间隔层信息对应关系正确。

（2）通过模拟间隔事故信号触发全站事故总信号，全站事故总信号能正常动作，并能15s 后自动复归。

（3）在厂站端断开与调度端的通信链路，链路恢复后数据通信网关机应只重发链路断开至重新恢复连接过程中装置缓存中的 SOE 信号，不发送 COS 信号。

（4）模拟变位信息，主站端应能正确接收 SOE 和 COS 信号；在调度端发送总召命令，厂站端应能正常响应。

（5）调度端模拟遥控、遥调操作，数据通信网关机应具备遥控、遥调过程报文记录功能，记录容量应不少于 1000 条。

（6）通过投入、退出检修压板，抓取网络报文，分析相应品质位“Block 闭锁（或 invalid 无效）”后置 1。

七、初始化检查

（1）重启数据通信网关机，检查初始化期间不响应主站数据传输启动请求、不主动上送无效数据。

（2）装置断电重启，初始化结束后能与调度端、间隔层设备建立通信链接，数据通信正常。

八、信息联调检查

（1）抽取典型间隔，采用遥测信号源端加量与调度端进行遥测一致性测试；选择开入信号，采用实际变位方式与调度端进行遥信一致性测试；采用一次设备实际控制方式与调度端进行遥控一致性测试。

（2）冗余配置的数据通信网关机应分别进行测试。

第九节　同步相量测量装置验收

智能变电站同步相量测量装置验收内容包括外观检查、通信检查、配置参数检查、数据显示与存储功能检查、对时功能检查、装置精度检查和信息联调检查。

一、外观检查

（1）检查 PMU 集中器、采集单元装置外观良好，面板指示灯显示正常，按键正常。

（2）检查装置主单元显示界面正常。

（3）检查装置时钟同步指示灯正常。

二、通信检查

（1）查看采集单元运行工况，采集单元与各间隔合并单元通信正常，数据刷新正常。

（2）查看集中器运行工况，集中器与各采集单元通信正常，无通信异常告警。

（3）查看集中器通道状态，集中器与 WAMS 主站通信链接信息正常。

三、配置参数检查

（1）通过配置工具打开 PMU 配置文件，查看配置信息中间隔命名、变比等参数与《PMU 信息接入清单》一致。

（2）通过配置工具打开 PMU 配置文件，查看各通道 IP 地址、端口号等通信参数与调度下发的 PMU 信息接入申请单一致。

四、数据显示与存储功能检查

（1）查看装置数据采集显示界面，各间隔电压、电流、功率、相角、频率、开入量等信息正确。

（2）通过配置工具查看 PMU 实时数据录波功能投入，触发条件设置正确；手动触发生成扰动记录后召唤数据查看显示数据波形。

（3）查看数据集中器中稳态历史数据文件与暂态历史数据文件存储正常。

五、对时功能检查

（1）检查数据集中器及各采集单元与时钟同步系统显示时间一致，装置对时工况正常，无告警。

（2）断开装置 IRIG-B 码对时接口，装置对应告警指示灯亮。

六、装置精度检查

用精度 0.05 级的交流采样测试仪输出的电流、电压、相角值与 PMU 装置液晶显示值比对，应满足测量精度的要求。

七、信息联调检查

采用遥测信号源端加量与调度端进行遥测一致性测试，电流、电压、相角值与 PMU 装置液晶显示值比对，应满足测量精度的要求。

第十节　时间同步装置验收

智能变电站时间同步装置验收内容包括外观检查、天线检查、主时钟功能检查和扩展时钟功能检查。

一、外观检查

（1）查看主时钟、扩展时钟外观完好，无破损。
（2）检查液晶屏显示正常，各按键功能良好。
（3）查看电源指示灯正常，无异常告警，同步指示灯显示正常。

二、天线检查

（1）查看户外天线外观完好，无破损，安装位置周边无遮挡，安装牢固。
（2）查看接收装置天线接口连接牢固，带防雷器。

三、主时钟功能检查

（1）分别将主时钟的北斗和 GPS 天线拔下，卫星失锁后，插上北斗或 GPS 天线，时钟能够在规定时间内重新锁定卫星（不少于 3 颗）。

（2）断开北斗卫星信号源输入，主时钟应自动切换为 GPS 卫星信号源输入状态；断开 GPS 卫星信号源输入，主时钟应自动切换为北斗卫星信号源输入状态。

（3）双时钟互备状态下，同时断开其中一台主时钟 A 北斗和 GPS 卫星输入，其信号源应自动切换为另一台主时钟 B 的 IRIG-B（DC）输出信号；当主时钟 A 北斗或 GPS 卫星信号输入恢复时，其信号源应自动切换为主时钟 A 北斗或 GPS 卫星信号输入状态。反之亦然。

（4）模拟装置异常或故障状态，装置应能正确告警。

四、扩展时钟功能检查

（1）双主时钟配置模式下，切断其中任一路 IRIG-B 码输入，对应告警灯应点亮，扩展时钟应能自动切换至另一路输入。

（2）断开扩展时钟装置电源，装置失电或故障信号输出正确。

第十一节　网络交换机验收

智能变电站网络交换机验收内容包括外观检查、通信状态检查、管理端口配置检查、镜像配置检查、VLAN 配置检查、端口广播组播流量控制配置检查和对时配置检查。

一、外观检查

（1）查看交换机设备面板电源灯、运行灯、告警灯、端口连接状态的指示灯应正常，装置外观良好。

（2）装置采用冗余电源供电，断开装置一路电源空开，装置仍能正常工作，装置应有相应的电源故障告警指示灯。

（3）装置上应贴有端口分配信息简表，内容应包括各端口所接设备名称和地址（SV、GOOSE 应标明组播地址，MMS 应标明 IP 地址），端口 VLAN 划分信息，交换机管理地址。

二、通信状态检查

查看各接口状态指示灯正常。

三、管理端口配置检查

检查“设备基本配置 /IP 地址配置”，交换机管理端口 IP 地址设置应具有唯一性。由于出厂交换机默认地址统一，站内交换机多台直连，通过 WEB 方式对一台交换机进行配置，必须断开该交换机与其他交换机连接。

四、镜像配置检查

查看交换机的“端口镜像配置”界面，检查镜像端口及被镜像端口配置正确。监控主机、数据通信网关机连接在同一交换机上，监控主机、数据通信网关机端口配置到镜像口，镜像口连接网络报文记录仪。

五、VLAN 配置检查

进入交换机“VLAN 配置”界面，选择 VLAN 模式，检查变电站设计的 VLAN 名称、VLAN ID 和 VLAN 成员。

六、端口广播组播流量控制配置检查

进入交换机高级配置菜单，选择“端口流量配置”选项，检查广播、组播报文流量限制功能已设置为“使能”状态，检查交换机中端口广播、组播报文流量正常，确认交换机没有产生端口流量超限告警。

七、对时配置检查

（1）进入 SNTP 信息界面，SNTP 选择“使能”。

（2）服务器 IP 地址与卫星对时同步装置 SNTP 网口的 IP 地址相同（可以选择多个 SNTP 服务器），间隔建议设置 16。

（3）检查时区 GMT 选择“+8”，将 UTC 时间改为北京时间。

（4）检查“SNTP 服务器”界面，检查交换机时间正确。

第十二节　网络安全监测装置现场验收

智能变电站网络安全监测装置验收内容包括外观检查、通信状态检查、对时功能检查、本机告警记录及验签功能检查和外联业务设备告警记录功能检查。

一、外观检查

（1）查看网络安全监测装置面板电源灯、运行灯、告警灯、端口连接状态的指示灯应正常，装置外观良好。

（2）网络安全监测装置采用冗余电源供电，断开装置一路电源空开，装置仍能正常工作，装置应有相应的电源故障告警指示灯。

二、通信状态检查

查看网络安全监测装置各接口状态指示灯正常。

三、对时功能检查

（1）检查网络安全监测装置 IRIG-B 对时正常，对时误差应不大于 1ms。

（2）断开 B 码接线，检查网络安全监测装置液晶面板上的时钟对时状态，应有对时异常告警提示。

四、本机告警记录及验签功能检查

（1）登陆或者退出网络安全监测装置，通过管理平台能够查看登陆或者退出信息；输入错误登录信息，通过管理平台能够查看登陆失败事件。

（2）装置单电源运行，通过管理平台能够查看到设备单电源故障事件记录。

（3）本机插入 / 拔出 U 盘、USB 鼠标、USB 无线网卡设备时，在装置人机界面及管理平台能够查看装置 USB 接入 / 接出告警信息。

（4）网络安全监测装置应导入安全证书，并开启验签功能。

五、外联业务设备告警记录功能检查

（1）查看网络安全监测装置配置，监控系统应按网段设置白名单；监控系统双网须同时设置 A、B 网白名单。

（2）主机类设备输入错误登录密码达到规定次数，装置人机界面记录及主站端管理平台告警均正确。

（3）主机类设备插入 / 拔出 U 盘、USB 鼠标、USB 无线网卡设备，在装置人机界面及管理平台能够查看主机类设备 USB 接入 / 接出告警信息。

（4）业务主机以任意方式外联 IP 地址不在白名单内的设备，在装置人机界面及管理平台能够查看到网络外联告警信息。

第十三节　操作练习

验收项目操作练习共设置三个内容：①完成 220kV 智能变电站 SCD 文件工程一致性验收，提交验收报告；②完成 220kV 智能变电站监控主机冗余机制验收，提交验收报告；③完成 220kV 智能变电站测控装置联锁、闭锁验收，提交验收报告。

一、SCD 文件工程一致性验收

（一）案例描述

220kV 智能变电站基建调试已完成，现场智能终端、合并单元、测控装置、监控后台、数据通信网关机和网络报文记录分析装置均已完成现场调试工作。

（二）安全措施

备份基建变电站 SCD、ICD 文件。

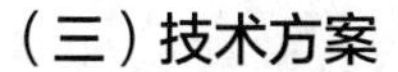

（三）技术方案

1. 静态检查

（1）用配置工具打开 ICD 文件，核查 ICD 文件与现场装置型号一致。

（2）用配置工具打开 ICD 文件，压板数量、名称、开入、开出描述应与设计图纸相符。

（3）用配置工具打开 SCD 文件，在“History”界面内检查相关内容，检查工程实际 SCD 文件与设计的差异性及说明，内容应完整、准确。

（4）用配置工具打开 SCD 文件，进入间隔“input”界面，检查虚端子连线与设计虚端子图一致。

（5）打开 SCD 配置文件，选择 DataSet，检查 LDO（装置自检信息）、CTRL（信号、控制和联 / 闭锁信息）、MEAS（量测信息）、PROT（保护信息）等逻辑设备中报告控制块信息与设计院提供的典型间隔信息表是否一致。

2. 动态检查

（1）将所有间隔层保护、测控设备全部重启。在网分系统上检查监控主机和数据通信网关机 TCP 当前连接数量和现场间隔层保护、测控等 IED 装置数量一致。发现 TCP 当前连接数量与实际装置数量不一致时，重点检查保护测控装置 TCP 通信当前连接是否正常（1 正常、0 中断），装置配置 IP 是否重复。

（2）将所有过程层合并单元设备全部重启。在网分系统上检查合并单元 SV 报文控制块数量，发现与 SCD 配置不一致设备时，重点检查网分系统网络流量界面，查看 SV 占比数值中流量是 0 Mbit/s 的合并单元，检查合并单元 SV 配置到网分系统通信交换机设备配置是否正确。

（3）将所有过程层、间隔层设备全部重启。在网分系统上检查智能终端和合并单元 GOOSE 报文控制块数量，发现与 SCD 配置不一致装置时，重点检查网分系统网络流量界面，查看 GOOSE 占比数值中流量是 0 Mbit/s 的装置，检查装置 GOOSE 配置到网分系统通信交换机装置配置是否正确。

（4）重启站控层设备，利用网分系统检查站控层设备与间隔层设备之间通信的 MMS 初始化报告控制块应与 SCD 配置文件一致。

（5）检查站控层设备与间隔层设备之间通信的报告控制块初始化流程正确。初始化建议值：

1）RptEna=false，报告使能并闭命令写入；

2）TrgOps=011010，触发选择；

3）OptFlds=01111111110，选择区域；

4）IntgPd=900000，完整性周期；

5）EntryID，入口标识；

6）RptEna=TURE，初始化生效。

二、监控主机冗余互备功能验收

（一）案例描述

220kV 智能变电站基建调试已完成，现场、测控装置、监控后台、数据通信网关机、交换机、网络报文记录分析装置、监控系统专用逆变电源均已完成现场调试工作。

（二）安全措施

（1）做好主机数据库和配置文件备份工作。

（2）防止误入运行间隔、误碰运行设备。

（三）技术方案

1. 双机切换测试

（1）确认与测控装置、保护装置、一体化电源系统等各类智能设备均应通信正常。

（2）主动切换验证：先在平台监视工具中查看各个服务器，确保系统运行正常，通过人工切换，从监控主机 1，切换到监控备用机 2，检测系统运行状况，应运行正常；再切换到监控主机 1 检测系统运行状况应正常。

（3）自动切换验证：先在平台监视工具中查看各个服务器，确保系统运行正常，关闭监控主机 1，系统应能自动切换到监控备用机 2，检测监控备用机 2，应运行正常；启动监控主机 1，当监控主机 1 运行正常后，关闭监控备用机 2，系统应自动切换到监控主机 1，并且运行正常。

（4）切换过程检测：系统在双机切换时，模拟遥信变位，切换完成后检查系统历史数据库，应无数据丢失；主备切换不应引起遥控误动，不能影响其他设备的正常运行。

在主动 / 自动切换时，记录切换时间不应大于 15s。

2. 双网切换测试

（1）确认与测控装置、保护装置、一体化电源系统等各类智能设备均应通信正常。

（2）站控层网络人为退出其中一路网络，比如关闭站控层 A 网核心交换机，系统通信不应受到影响，数据不应丢失，监控主机产生相应告警信息。

（3）双网正常运行状态，人为断开监控主机 A 网，检查主机界面，确认 A 网通信中断、B 网通信正常，模拟遥信变位，检查系统历史数据库，数据不应丢失。

（4）恢复监控主机 A 网通信，人为断开 B 网，模拟遥信变位，检查系统历史数据库，数据不应丢失。

三、测控装置联锁、闭锁验证（不停电状态）

（一）案例描述

在 220kV 智能变电站扩建一条 220kV 线路间隔工程，站内测控装置和监控主机均已完成配置，扩建间隔遥信、遥测、遥控试验已完成，现需进行不停电状态下的扩建间隔测控

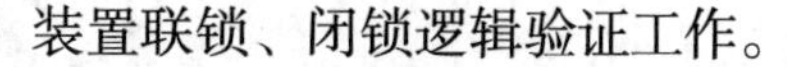
装置联锁、闭锁逻辑验证工作。

（二）安全措施

（1）防止误入运行间隔、误碰运行设备。

（2）将现场扩建间隔测控装置脱离站控层网络，采用通信报文仿真仪器模拟相邻间隔一次设备状态信息。

（三）技术方案

（1）现场扩建间隔测控装置退出站控层网络口，在监控主机界面确认该间隔确已处于通信中断状态。

（2）在网络报文仿真装置导入与该间隔相关的其他运行间隔 CID 文件，接入扩建间隔测控装置站控层网络口仿真发送联锁、闭锁逻辑相关的 GOOSE 报文。

（3）将 IEC61850 客户端软件接入扩建间隔测控装置站控层网络口，与扩建间隔测控装置建立 MMS 通信。

（4）按照闭锁逻辑表，设置仿真装置发送的 GOOSE 报文和扩建间隔一次设备状态，使得扩建间隔测控装置控制对象均处于操作允许状态。

（5）逐个改变并恢复扩建间隔一次设备状态和数据品质，通过扩建间隔实际一次设备控制开出情况和 MMS 上送“禁止 / 允许”信号验证闭锁逻辑关系并做好测试记录。

（6）通过报文仿真仪器，逐个改变 GOOSE 报文中相邻间隔一次设备状态和数据品质，通过扩建间隔实际一次设备控制开出情况和 MMS 上送“禁止 / 允许”信号验证闭锁逻辑关系并做好测试记录。

（7）验证工作结束后，退出报文仿真仪器和 IEC 61850 客户端软件，扩建间隔测控装置恢复接入站控层网络。

（8）通过查看监控主机通信画面和测控装置面板 GOOSE 通信状态，确认扩建间隔测控装置确已恢复通信。

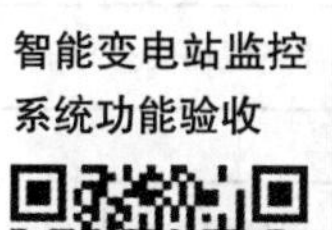

第五章

智能变电站监控系统定期校验

本章介绍智能变电站监控系统定期校验内容及要求，依据相关技术规程、管理制度及现场检修作业规范对监控主机、测控装置、数据通信网关机等设备开展计划性检修，确保监控系统功能和性能指标满足生产运行要求。

第一节　监控系统定期校验工作通用要求

智能变电站监控系统定期校验工作遵循图 5–1 所示的流程。

其中，现场校验环节涉及调度端的安全措施，应注意以下内容：

（1）工作开始前联系各级调度自动化值班员汇报开工，做好调控端数据封锁等安全措施。

（2）校验完成后应核对数据，保证数据准确、正常。

（3）工作结束前联系各级调度自动化值班员汇报工作结束，解除调度端数据封锁。

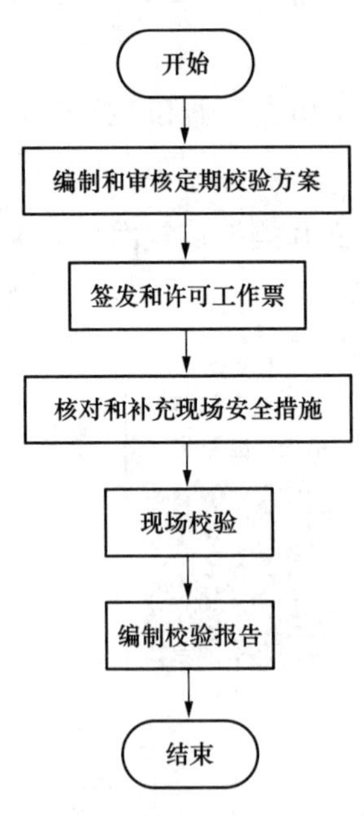

图 5–1　定期校验工作流程

一、监控系统定期校验注意事项

现场校验工作应严格按照 Q/GDW 1799.1—2013《国家电网公司电力安全工作规程 变电部分》《国家电网公司电力安全工作规程（电力监控部分）》（试行）（国家电网安质〔2018〕396 号）的要求执行。考虑到自动化设备的技术特点，还应注意以下内容：

（1）重大的检修工作应编制完整的检修方案及应急预案，并经自动化专业管理部门审核。

（2）现场校验工作应严格执行变电站自动化系统及设备网络安全管理相关细则，使用专用调试计算机和专用移动存储介质。

（3）现场校验工作应严格执行变电站自动化设备检修管理规定，做好工作申请及工作许可，避免因现场工作影响监控系统基础数据的正确性。

（4）对于影响调度遥测、遥信等数据采集和传输的现场校验工作，必须汇报调度自动化值班人员，得到许可后方可进行。

（5）参数或数据库修改前、后均应做好数据备份。

（6）冗余设备校验应分别进行；数据通信网关机参数下装、测控装置校验等工作应做好数据封锁措施。

（7）变电站监控系统定期校验工作过程中如涉及设备安全防护策略等防护措施变更时应做好记录，在工作结束前及时恢复。

（8）变电站监控系统定期校验工作过程中如发生影响变电站安全运行问题的，应立即停止工作，待问题得到处理后方可继续。

（9）设备校验完毕，应与监控后台和各级调度验证数据的准确性、及时性、可靠性及信息传输回路的正确性。

（10）现场校验工作结束前，应汇报各级调度自动化值班人员，并通知其将通道或数据解封锁。

（11）检修人员应汇总校验测试记录等资料，填写试验报告。

二、监控系统定期校验要求

（一）资料准备

现场校验工作所需资料应齐全，并符合现场实际情况。

（1）施工方案包含时间、地点、检修范围、项目、测试方法以及组织措施、安全措施和技术措施。

（2）监控系统技术资料包含监控系统备份及修改记录、设备台账、设备校验调试记录、设备定期校验报告、SCD 文件、竣工图纸、装置技术说明书、缺陷记录、监控系统事故及专题运行分析报告等。

（3）作业指导书及工作票包含检修间隔、检修设备、工作内容和注意事项等。

（二）仪器仪表和工器具

现场校验所需的仪器仪表、工器具应经电力行业认可的检定部门检定合格并在有效期之内，其技术性能指标应符合相关规程的规定，并满足现场校验工作的要求。用于现场校验的仪器仪表一般有继电保护测试仪、光纤测试仪、双绞线电缆测试仪、同步时钟测试仪、交流采样标准检验装置、数字仿真测试仪、绝缘电阻表、相位表、万用表、光功率计、光衰耗计、手持式报文分析仪、专用调试计算机和专用移动存储介质等。

（三）通用安全措施

（1）现场校验工作应遵照 Q/GDW 1799.1—2013《国家电网公司电力安全工作规程 变电部分》执行。

（2）监控系统校验工作应使用作业指导书。

（3）因一次系统的变更（如设备增减、主接线变更、互感器变比改变等），监控后台需修改相应的画面和数据库内容、数据通信网关机需要修改信息表参数时，须经专业主管部门批准后方可执行。

（4）严禁外来人员自备移动设备接入监控系统，应采用检修单位配置的专用调试设备。

（5）工作前，应做好系统数据备份。

第二节　监控主机校验

一、校验目的

监控主机（主机兼操作员工作站）在运行过程中可能会出现各种软件或硬件缺陷和故障，需要定期对其开展校验和维护工作，保证监控主机的正常运行，并对监控主机的设备状态进行评估，提出后续的维护或改造方案。

二、安全注意事项

（一）危险点分析

（1）校验过程出现计算机失电，造成计算机系统软、硬件的损坏。

（2）运行设备误操作或误出口的可能。

（3）程序升级、数据库文件修改出错，造成监控系统故障或死机。

（4）数据跳变，造成自动化高级应用异常。

（5）监控主机冗余设备切换试验时发生异常，造成监控系统瘫痪。

（6）开展安全加固、等保测评等工作时出现外部设备违规接入、系统违规外联、人员恶意操作等，甚至引发病毒传播、黑客入侵等。

（二）防范措施

（1）断开计算机电源前应先正常关机，并做好监控系统功能失效的预控措施。

（2）遥控操作前，应确认运行间隔的隔离措施已正确实施：

1）必要时可将其他运行间隔的遥控功能切至“就地”状态，试验完成后应及时恢复遥控功能至“远方”状态；

2）隔离开关操作电源已切断或遥控出口压板已取下；

3）进行遥控试验时，操作人员的操作必须有人监护。

（3）程序升级应得到主管部门的同意，并依据程序版本管理要求进行确认；程序升级、数据库修改应设专人监护，并做好记录，修改后应做相应功能的验证；监控主机装置或板件有变动时，需要做好程序及配置的备份，以备恢复。

（4）因数据跳变可能引起自动化高级应用异常，工作开始前，应确认相关数据封锁已执行；校验工作结束前，应取消数据封锁。

（5）冗余功能试验前，确认备用设备正常；必要时先重启备用设备；当冗余功能试验异常时，应立即中断切换试验，并尽快恢复主设备运行。

（6）工作前工作负责人应对工作班成员进行安全教育，告知相关规定，并向调度自动化确认现场已具备校验条件。

（7）现场校验结束后，应检查人机工作站遥信、光字信号等与实际状态相符。检查系统设备运行情况：装置通信状态、网络运行情况正常。

（8）工作负责人在检修记录上详细记录本次工作所修项目、发现的问题、试验结果和存在的问题等。经值班员验收合格，并在验收记录卡上各方签字后，办理工作票终结手续。

（9）如已造成危险情况，检修人员应按照应急方案处理，立即恢复监控系统功能。

三、定期校验项目及方法

变电站监控主机（主机兼操作员工作站）长时间运行，或者站内一、二次设备改造、扩建工作后，需要对监控主机进行配置修改、功能调试和验收等工作。通常情况下，自动化设备基准检验周期为4.5年，实际试验周期可以依据设备状态检修评估结果，或结合对应的一次设备停电检修周期做相应调整。针对监控主机，在周期性检修工作以外，还需要定期开展巡视和清洁等工作。

（一）外观检查

监控主机多为服务器或工控机，包含大量硬件和机械转动部件，机箱内部温度、风扇运行情况、机箱内外部清洁状况等对其正常运行和使用寿命至关重要。现场校验时需要检查各元器件是否固定良好，确保无松动、损坏等异常情况；测试主机运行温度，出现异常情况时查明原因，并做相应处理；清洁机箱粉尘滤网，必要时打开机箱清扫内部灰尘；如有运行异常的风扇，及时更换相关配件。

（二）硬盘数据备份

硬盘作为监控主机中最重要的部件，长时间运行、高温、震动、异常断电等原因容易引起硬盘故障。定期进行硬盘数据备份，可有效避免因硬盘损坏导致数据丢失的严重后果。

涉及实时数据库、监控画面、控制命令修改时，都需要在工作前、后对监控数据进行备份。数据备份需要熟悉计算机的软硬件资源，可以编写详细的作业指导书以实现操作步骤的标准化，必要时可借助专业备份工具软件。备份时应按照自动化设备软件版本相关管理要求进行归档。

（三）软件运行工况检查

监控主机操作系统软件和应用软件结构复杂，长期运行过程中可能出现各种异常状况，如进程丢失、响应速度慢等。需要关注进程、CPU 负荷率、网络负荷率、内存使用量和硬盘剩余容量等性能指标，及早发现问题。根据运行状况，在做好安全措施和符合规定情况下，建议将监控主机重启一次，重新初始化运行环境。

通过进程查看指令检查计算机当前各进程是否完整，必要时可重启监控软件或计算机重新加载所有进程。检查 CPU 负荷率、内存使用量及硬盘剩余容量是否满足运行要求。30min 内的 CPU 正常负荷率（平均负荷率）≤ 30%；30min 内的网络正常负荷率（平均负荷率）≤ 20%。

220kV 智能变电站配置有双机系统，现场校验时应做系统冗余可靠性验证，包括双网切换、双机切换和数据服务器主备一致性验证，不满足要求时及时检修处理。模拟当前运行的主监控主机发生故障（如重启、断网等）而产生切换动作，要求 30s 内能够完成监控后台双网、双机切换。其中，对有两台数据服务器的变电站监控系统进行数据服务器主备一致性验证，首先停止其中一个数据服务器的节点，并模拟一系列遥测、遥信变化，再启动这个数据库服务器节点，检查各机上数据记录应一致。

核对监控主机软件版本，确保与专业管理部门发布的版本库一致。如需升级或变更时，应先得到专业管理部门批准后方可进行，并在事后做好归档和备份管理工作。

监控主机一般都有自诊断程序或者提示窗口，校验时要善于利用这类信息加以评估，及早发现和处理各类隐患，如是否出现过死机、重启、通信中断等不稳定运行现象。

（四）监控画面检查

检查各设备的通信工况，包括双机主从工况、保护测控装置的通信工况、系统网络通信工况等，确定有无通信中断、假通的设备。

结合测控装置定期校验，检查各画面的遥信是否与实际一致，遥信报警方式（如光字、音响、告警窗等）对应正确。以及确保事件报警与记录正常，光字牌报警、保持、确认、复归功能正常，虚遥信挂牌及闭锁功能正常。

结合测控装置定期校验，检查遥测数据是否与实际一致、遥测是否实时刷新，有无不平衡的现象。检查频率和温度直流采样遥测信号是否正确显示。

结合测控装置定期校验，检查遥控功能是否正常，遥控对象是否正确，遥控事件记录是否完整。

检查监控系统的“五防”功能、历史记录、遥信、遥测、装置自诊断等信息。有无“五防”功能失效、历史记录缺失、遥信频繁变位现象、遥测是否越限告警、采集设备有无自诊断告警信息。

另外，监控后台画面功能还需满足以下运行要求：SOE、COS 信号分辨率应符合要求，全站 SOE 记录分辨率≤ 2ms，单装置 SOE 记录分辨率≤ 1ms；监控后台时钟显示正常，对时准确，时间显示和 GPS 时钟的误差应≤ 1s；调用监控主画面、分画面响应时间≤ 3s。

第三节　测控装置校验

一、校验目的

通过定期校验对智能变电站测控装置软件、硬件及其二次回路进行常规性检查、维护和试验，确保测控装置能够正常可靠运行。

二、安全注意事项

（一）危险点分析

（1）未封锁调度端数据，导致其他高级应用出现异常等。

（2）检修压板未正确投入易造成遥测、遥信数据处理异常。

（3）频繁插拔背板光纤易造成光头污染或光纤损伤，增大损耗，可能造成测控装置不能正常接收或发送 GOOSE 信号、SV 采样值。

（4）测控装置开出传动测试易造成误动接地开关。

（5）遥控传动至一次设备时伤及现场作业人员。

（6）电动工器具及带电仪器仪表外壳漏电易引起低压触电事故。

（7）光纤激光损伤人眼。

（二）防范措施

（1）现场校验工作开始前通知调度自动化封锁试验数据，防止数据跳变。

（2）投入检修压板后，装置面板（或液晶显示屏）应有指示灯（或检修压板投入报文）明确该压板操作到位。

（3）因校验要求需要临时拆装光纤时，要防止光纤损伤及光头污染，并做好标识，在试验结束后及时恢复，并逐一确认链路正常。

（4）未退出接地开关的出口压板情况下，严禁使用开出传动功能菜单。

（5）遥控试验开始前应通知运维人员和有关人员，并由工作负责人或由他指派的专人到现场监视方可进行。

（6）必须正确使用工器具及仪器仪表，所有电动工器具及带电仪器仪表接地线必须可靠接地，接线板必须带漏电保护器。

（7）在光纤回路工作时，应采取相应防护措施防止激光对人眼造成伤害。

（三）安全措施

测控装置定期校验时的安全措施见表 5–1 所示。

表 5–1　　测控装置定期校验的安全措施

序号	安全措施
1	测控装置定期校验应结合一次设备停电进行，工作开始前，应投入装置检修压板，封锁上传数据
2	做安全技术措施前应先认真检查二次安全措施票和实际接线及图纸是否一致
3	因校验要求需要临时短接或断开的端子应做好记录，并在试验结束后及时恢复
4	严禁漏取与运行设备相关的压板，防止误出口
5	调试过程中严禁频繁插、拔插件，插、拔插件前应断开装置直流电源，插、拔交流插件时应防止交流电流回路开路，接触插件元器件时应采取防静电措施，更换后应做相关试验
6	绝缘试验时应断开直流电源，拆开回路接地点，拔出所有插件，并通知有关人员暂停相关回路上的一切工作，绝缘试验后应放电
7	工作过程中如需临时改变运行人员所做的安全措施，应征得运行人员同意，由工作负责人通知当值运行人员实施操作
8	工作结束前检查安全措施是否已全部恢复，检查工作中临时所做的安全措施（如软压板）是否已全部恢复，检查各压板、切换开关位置及断路器位置是否恢复至工作许可时的状态，与相关调控机构核对业务正常

三、定期校验项目及方法

（一）准备工作

测控装置定期校验时的准备工作如表 5–2 所示。

表 5–2　　测控装置定期校验的准备工作

序号	准备内容	执行标准
1	开工前，准备好施工所需仪器仪表、工器具、相关材料、相关图纸、上一次校验报告、相关技术资料等，并做好记录	仪器仪表、工器具应检验合格，满足本次施工的要求，材料应齐全，图纸及资料应符合现场实际情况

续表

序号	准备内容	执行标准
2	根据本次校验的项目，核对作业指导书是否符合本次工作，组织作业人员学习作业指导书、相关校验规程、安全措施、危险点等	要求所有工作人员都明确本次校验工作的作业内容、进度要求、作业标准及安全注意事项
3	编制二次作业安全措施票、危险点分析及预控方案、安全注意事项等	应符合相关现场作业规程的规定
4	熟悉 SCD 文件、全站网络结构和交换机配置，掌握虚回路连线和光口配置	工作人员需熟悉 SCD 文件、光口配置、全站网络结构和交换机配置方案，掌握 SV 采样与 GOOSE 跳闸方式

（二）定期校验项目

测控装置定期校验时的项目如表 5-3 所示。

表 5-3　测控装置定期校验项目

校验项目	备注
1　状态记录及安措执行	
1.1　状态记录	√
1.2　二次安全措施票执行	√
2　测控装置重启自检	
2.1　直流拉合试验	√
2.2　电源检查	√
3　定值核对	
3.1　核对定值与定值单是否一致，包括同期、防抖时间、遥测死区（变化和零值）等	√
3.2　核对装置型号、版本、CRC 校验码是否与专业管理部门发布的版本库一致	√
3.3　检查与过程层设备和其他测控装置联锁、闭锁通信信息	√
4　设备、回路检查及清扫	
4.1　装置、压板外观检查，包括屏内电缆接线标牌、人机界面、LED 指示灯、装置背板接线，装置接地等	√
4.2　二次回路检查、清扫及端子紧固	√
4.3　对时信号检查	√
4.4　屏蔽接地检查	√
4.5　封堵检查	√

续表

校验项目	备注
5 测控装置功能及定值校验	
5.1 开入检查，包括防抖时间、开入电平、开入显示等	√
5.2 采样值检查，包括各通道零漂，各通道采样值的幅值、相角和频率的精度	√
5.3 同期合闸定值校验	√
5.4 PT断线功能，包括母线TV、线路TV断线时的显示、告警和处理机制	√
5.5 联锁、闭锁逻辑测试，包括间隔层联锁、闭锁条件的正逻辑和反逻辑验证	√
6 设备通信接口检查	
6.1 光纤端口发送和接收功率检查包括SV接收功率、GOOSE接收和发送功率、光B码对时接收功率	√
6.2 网口丢包率检查	√
7 GOOSE功能检查	
7.1 GOOSE检修机制测试	√
7.2 GOOSE断链告警测试	√
8 SV功能检查	
8.1 SV检修机制测试	√
8.2 SV断链告警测试	√
8.3 SV断链闭锁测试	√
9 绝缘测试	
9.1 直流回路对地绝缘测试	√
9.2 信号回路之间绝缘测试	√
9.3 信号回路对地绝缘测试	√
10 整组传动	
10.1 模拟同期合闸、普通合闸试验，检查断路器动作是否正确	√
10.2 后台机、远方监控系统、设备状态是否和模拟的故障一致	√
10.3 出口压板功能检查	√
11 状态移交，工作结束前应恢复安全措施、检查设备状态、核对整定单等	√
12 工作终结，结束工作票，填写检修记录和试验报告	√

（三）典型校验项目的试验方法

1. 光传输功率检查

光纤端口发送功率检查：用一根尾纤跳线（衰耗小于 0.5dB）连接设备光纤发送端口和光功率计接收端口，读取光功率计上的功率。

光纤端口接收功率检查：将待测设备光纤接收端口的尾纤拔下，插入光功率计接收端口，读取光功率计上的功率值。

光波长为 1300nm 时，发送光功率为 −20 ~ −14dBm，接收光灵敏度为 −31 ~ −14dBm；光波长为 850nm 时，发送光功率为 −19 ~ −10dBm，接收光灵敏度为 −24 ~ −10dBm。

2. 同期功能试验

同期功能宜在间隔层完成，应能进行状态自检和设定，同期成功或失败均应有遥控结果信息输出。

测试检同期、检无压功能的正确性。包括电压差闭锁、相角差闭锁、频率差闭锁、同期复归时间、TV 断线闭锁、采样值无效闭锁和检无压等功能测试。

电压差闭锁是指当参与检同期判别的两个电压的差值大于检同期压差闭锁定值时，不允许合闸；相角差闭锁是指当参与检同期判别的两个电压的相位角度差值大于检同期角差闭锁定值时，不允许合闸；频率差闭锁是指当参与检同期判别的两个电压的频率差值大于检同期频率闭锁定值时，不允许合闸；同期复归时间是指判别同期条件的最长时间，即同期条件不满足持续到超出此时间长度后，不再判断同期条件是否满足，直接判断为同期失败。无压定值以母线无压为参考，检无压时，电压小于本定值视为无压。

如果有 TV 断线闭锁同期合闸，模拟 TV 断线，检查测控装置告警功能正确并闭锁同期合闸。TV 断线判断逻辑应为：电流任一相大于 $0.5\%I_n$，同时电压任一相小于 $30\%U_n$ 且正序电压小于 $70\%U_n$；或者负序电压或零序电压（$3U_0$）大于 $10\%U_n$。可通过定值投退 TV 断线闭锁检同期合闸和检无压功能。TV 断线告警与复归时间统一为 10s，TV 断线闭锁同期产生的同期失败告警展宽 2s。

采样值无效时测控装置的同期闭锁。模拟输入品质（Validity）无效的模拟量，检查测控装置同期功能应闭锁。采用 DL/T 860.92 规范的采样值输入时，合并单元采样值置无效位时应闭锁同期功能，应判断本间隔电压及抽取侧电压无效品质，在 TV 断线闭锁同期投入情况下还应判断电流无效品质；合并单元采样值置检修位而测控装置未置检修位时应闭锁同期功能，应判断本间隔电压及抽取侧电压检修状态，在 TV 断线闭锁同期投入情况下还应判断电流检修状态。

同期模式检查。模拟输入同期电压，检查测控装置检同期合闸、强制及检无压合闸模式应正确。

同期定值测试。模拟输入同期电压，满足同期条件时遥控成功，不满足同期条件时遥控失败。同期电压试验值与同期定值单相符。

同期电压切换功能检查。模拟输入两路母线电压和母线隔离开关位置信息，检查同期电压选取母线电压与母线隔离开关实际运行状态一致。

测控装置同期功能定期校验项目可按照表 5-4 所示，分别在 105% 和 95% 整定值条件下，验证电压差闭锁、相角差闭锁、频率差闭锁、TV 断线闭锁、检无压和同期复归时间功能在 105% 整定值和 95% 整定值条件下的动作行为。

表 5-4　　测控装置同期功能项目

模拟同期条件	电压差闭锁	相角差闭锁	频率差闭锁	TV 断线闭锁	检无压条件	同期复归时间
105% 整定值下的动作行为	可靠不动	可靠不动	可靠不动	可靠不动	可靠不动	可靠不动
95% 整定值下的动作行为	可靠动作	可靠动作	可靠动作	可靠动作	可靠动作	可靠动作

3. 联锁、闭锁功能检查

联锁、闭锁逻辑功能测试，模拟输入本间隔智能终端 GOOSE 状态信息及相关间隔测控 GOOSE 状态量，检查联锁、闭锁逻辑判断功能正确，包括正逻辑和反逻辑验证。

检查联锁、闭锁信息输出，检查联锁、闭锁状态信息上送后台及数据通信网关机正确，检查联锁、闭锁判断结果硬接点输出或 GOOSE 状态量输出正确。

检查解锁功能，紧急解锁时，装置所有联锁、闭锁逻辑功能开放，联锁、闭锁状态信息上送正确。

检查联锁、闭锁信息异常状态情况下的装置功能。联锁、闭锁逻辑相关的信息品质异常，应参与联锁、闭锁逻辑判断，有必要进行相应的逻辑验证。模拟通信中断、检修状态不一致或参与逻辑计算的信息品质异常，检查装置应闭锁开出。间隔间传输的联锁、闭锁 GOOSE 报文应带品质传输，联锁、闭锁信息的品质统一由接收端判断处理，品质无效时应判断逻辑校验不通过；当间隔间由于网络中断、报文无效等原因不能有效获取相关信息时，应判断逻辑校验不通过；当相关间隔置检修状态且本装置未置检修状态时，应判断逻辑校验不通过；本装置检修，无论相关间隔是否置检修均正常参与逻辑计算。

4. 对时功能检查

检查测控装置对时方式设置与实际接入是否一致。

检查装置对时功能及显示是否正常。对时误差不大于 0.5ms，失去同步时钟信号 60min 内，守时误差不大于 1ms。

5. SV 断链告警测试

合并单元与测控装置之间采样值报文中断后，测控装置应发出 SV 断链告警信息，测控装置的采样值保持对应通道及其相关计算测量值，无效品质位置成 1；连续 8ms 接收不到采样值报文时判断为通信中断；当采样值报文恢复正常后，测控采样应恢复正常，告警信号延时 1s 恢复正常。

测控装置接收的采样值品质报文无效时量测数据正常计算，转发无效品质，由数据通信网关机转发时根据品质处理；连续 8ms 接收到品质无效的采样值无效报文时产生告警，采样值报文恢复正常后 1s 返回。

第四节　智能终端校验

一、校验目的

通过定期校验对智能变电站智能终端软件、硬件及其二次回路进行常规性检查、维护和试验，确保智能装置能够正常可靠运行。

二、安全注意事项

（一）危险点分析

（1）检修压板未正确投入易造成遥信、遥测数据处理异常。

（2）智能终端校验时引起相关运行设备误动。

（3）频繁插拔背板光纤易造成光头污染或光纤损伤，增大损耗，可能造成测控装置不能正常接收或发送 GOOSE 信号。

（4）智能终端开出传动功能易造成误分接地开关。

（5）电动工器具及带电仪器仪表外壳漏电易引起低压触电事故。

（6）光纤测试时激光损伤人眼。

（二）防范措施

（1）在投入智能终端检修压板后，装置面板（或液晶显示屏）应有指示灯（或检修压板投入报文）明确该压板操作到位。

（2）智能终端校验前应确认与运行设备有效隔离。

（3）因现场校验要求需要临时拆装光纤时，要防止光纤损伤及光头污染，并做好标识，在试验结束后及时恢复，并逐一确认链路正常。

（4）未退出接地开关的出口压板情况下，严禁使用开出传动功能菜单。

（5）必须正确使用工器具及仪器仪表，所有电动工器具及带电仪器仪表接地线必须可靠接地，接线板必须带漏电保护器。

（6）在光纤回路工作时，应采取相应防护措施防止激光对人眼造成伤害。

（三）安全措施

智能终端定期校验时的安全措施如表 5-5 所示。

表 5-5　　智能终端定期校验的安全措施

序号	安全措施
1	做安全技术措施前应先认真检查二次安全措施票和实际接线及图纸是否一致
2	因校验要求需要临时短接或断开的端子应做好记录，并在试验结束后及时恢复
3	严禁漏取与运行设备相关的压板，防止误出口
4	调试过程中严禁频繁插、拔插件，插、拔插件前应断开装置直流电源，接触插件元器件时应采取防静电措施，更换后应做相关试验
5	开出传动试验时，应通知工作负责人及运行人员，征得同意后方可传动断路器，传动过程中应派人监视
6	使用万用表测量跳闸回路电位时应对地测量，防止挡位选择不当误出口
7	绝缘试验时应断开直流电源，拆开回路接地点，拔出所有插件，并通知有关人员暂停相关回路上的一切工作，绝缘试验后应放电
8	工作过程中如需临时改变运行人员所做的安全措施，应征得运行人员同意，由工作负责人通知当值运行人员实施操作
9	工作结束前检查安全措施是否已全部恢复，检查工作中临时所做的安全措施（如临时短接线）是否已全部恢复，检查各压板、切换开关位置及断路器位置是否恢复至工作许可时的状态

三、定期校验项目及方法

（一）准备工作

智能终端定期校验时的准备工作如表 5-6 所示。

表 5-6　　智能终端定期校验的准备工作

序号	准备内容	执行标准
1	编制二次作业安全措施票、危险点分析及预控方案、安全注意事项	应符合相关规程的规定
2	根据本次校验的项目，核对作业指导书是否符合本次校验工作，组织作业人员学习作业指导书、相关校验规程、安全措施和危险点等	要求所有工作人员都明确本次校验工作的作业内容、进度要求、作业标准及安全注意事项
3	开工前，准备好施工所需仪器仪表、工器具、相关材料、相关图纸、上一次试验报告和相关技术资料等，并做好记录	仪器仪表、工器具应检验合格，满足本次施工的要求，材料应齐全，图纸及资料应符合现场实际情况
4	熟悉 SCD 文件、全站网络结构和交换机配置，掌握虚回路连线和光口配置	工作人员需熟悉 SCD 文件、光口配置、全站网络结构和交换机配置方案，掌握 GOOSE 跳闸方式

（二）定期校验项目

智能终端定期校验项目如表 5-7 所示。

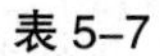

表 5–7　　智能终端定期校验项目

校验项目	备注
1　状态记录及安措执行	
1.1　状态记录	√
1.2　二次安全措施票执行	√
2　智能终端重启自检	
2.1　直流拉合试验	√
2.2　电源检查	√
3　参数核对	
3.1　核对定值是否满足要求，包括防抖时间、遥控脉宽等	√
3.2　核对装置型号、版本、CRC 校验码是否与专业管理部门发布的版本库一致	√
3.3　核对事故总、控回断线、装置异常等遥信是否正常	√
3.4　检查与测控装置的联闭锁通信信息	√
4　设备、回路检查及清扫	
4.1　装置、压板、切换开关外观检查，包括汇控柜内电缆接线标牌、LED 指示灯、装置背板接线，装置接地等	√
4.2　二次回路检查、清扫及端子紧固	√
4.3　对时信号检查	√
4.4　屏蔽接地检查	√
4.5　封堵检查	√
5　智能终端功能校验	
5.1　开入检查，包括检修压板、信号复归、远方 / 就地、断路器位置和隔离开关位置等，应能正确传输相应 GOOSE 报文	√
5.2　开出检查，包括遥控断路器、遥控隔离开关等	√
5.3　动作时间，指智能终端收到 GOOSE 跳闸命令时刻至智能终端出口动作的时间（包括出口继电器的时间）应小于 5ms	√
5.4　温、湿度等直流模拟量，接收 4~20mA 或者 0~5V 模拟量后能正确上送相应 GOOSE 报文	√
6　设备通信接口检查	
6.1　光纤端口发送功率检查，包括 GOOSE 发送功率	√
6.2　光纤端口接收功率检查，包括 GOOSE 接收功率、光 B 码对时接收功率	√
7　GOOSE 功能检查	

续表

校验项目	备注
7.1 GOOSE 检修机制测试	√
7.2 GOOSE 断链告警测试	√
8 绝缘测试	
8.1 直流回路对地绝缘测试	√
8.2 跳、合闸回路之间绝缘测试	√
8.3 跳、合闸回路对地绝缘测试	√
8.4 信号回路之间绝缘测试	√
8.5 信号回路对地绝缘测试	√
9 整组传动	
9.1 模拟远方 / 就地分闸、合闸试验，检查被控设备动作是否正确	√
9.2 后台机、远方监控系统、设备状态是否和模拟的故障一致	√
9.3 出口压板功能检查	√
10 状态移交，工作结束前应恢复安全措施、检查设备状态、核对整定单等	√
11 工作终结，结束工作票，填写检修记录和试验报告	√

（三）典型校验项目及方法

1. 绝缘测试

断开电缆与地之间的连接，使用绝缘测试仪进行绝缘测试，将相同类别的回路端子暂时连接起来进行测试。在直流 500V 下，测得的绝缘电阻应当大于 100MΩ。绝缘测试完成后，确保所有外部电缆接线全部正确和智能终端重新连接。

2. 同步时间功能检查

断开时间同步装置的光纤，检查智能终端装置报警情况和指示灯，数据输出时标的品质位、同步位情况。失去同步时钟信号 60min 内，守时误差不大于 1ms。

3. 动作时间功能测试

检查智能终端动作时间应小于 5ms，开入量动作时间应小于 10ms，开入量 SOE 分辨率应小于 10ms。

4. 温湿度等直流模拟量测试

检查智能终端、测控装置、监控后台和主站端解析的温 / 湿度等直流模拟量是否一致，是否与现场实际一致。

第五节　合并单元校验

一、校验目的

通过定期校验对智能变电站合并单元软件、硬件及其二次回路进行常规性检查、维护和试验，确保合并单元能够正常可靠运行。

二、安全注意事项

（一）危险点分析

（1）检修压板未正确投入易造成遥测、遥信数据处理异常。

（2）合并单元校验时引起相关运行设备误动。

（3）频繁插拔背板光纤易造成光头污染或光纤损伤，增大损耗，可能造成其他装置不能正常接收 GOOSE 信号、接收或发送 SV 采样值。

（4）电动工器具及带电仪器仪表外壳漏电易引起低压触电事故。

（5）光纤测试时激光损伤人眼。

（二）防范措施

（1）在投入合并单元检修压板后，装置面板（或液晶显示屏）应有指示灯（或检修压板投入报文）明确该压板操作到位。

（2）合并单元校验前应确认与运行设备（母差、安全自动装置等）有效隔离。

（3）因校验要求需要临时拆装光纤时，要防止光纤损伤及光头污染，并做好标识，在试验结束后及时恢复，并逐一确认链路正常。

（4）必须正确使用工器具及仪器仪表，所有电动工器具及带电仪器仪表接地线必须可靠接地，接线板必须带漏电保护器。

（5）在光纤回路工作时，应采取相应防护措施防止激光对人眼造成伤害。

（三）安全措施

合并单元定期校验时的安全措施如表 5-8 所示。

表 5-8　　合并单元定期校验的安全措施

序号	安全措施
1	做安全技术措施前应认真检查二次安全措施票和实际接线及图纸是否一致
2	在电流端子排外侧短接后打开中间连接片，在电压端子排中间划开连接片，保证可靠隔离
3	因现场校验要求需要临时短接或断开的端子应做好记录，并在试验结束后及时恢复

续表

序号	安全措施
4	调度端对本间隔数据进行检修挂牌并遥测封锁
5	影响其他设备正常运行时，取下与运行设备相关的软压板，或拔下与运行设备相连的光纤，防止影响运行设备
6	调试过程中严禁频繁插、拔插件，插、拔插件前应断开装置直流电源，接触插件元器件时应采取防静电措施，更换后应做相关试验
7	绝缘试验时应断开直流电源，拆开回路接地点，拔出所有逻辑插件，并通知有关人员暂停相关回路上的一切工作，绝缘试验后应放电
8	工作过程中如需临时改变运行人员所做的安全措施，应征得运行人员同意，由工作负责人通知当值运行人员实施操作
9	工作结束前检查安全措施是否已全部恢复，工作中临时所做的安全措施（如临时短接线）是否已全部恢复，检查各压板、隔离开关位置以及采样值是否恢复至工作许可时的状态

三、定期校验项目及方法

（一）准备工作

合并单元定期校验时的准备工作如表 5-9 所示。

表 5-9　　合并单元定期校验的准备工作

序号	准备内容	执行标准
1	编制二次作业安全措施票、危险点分析及预控方案、安全注意事项	应符合相关规程的规定
2	根据本次校验的项目，核对作业指导书是否符合本次校验工作，组织作业人员学习作业指导书、相关校验规程、安全措施和危险点等	要求所有工作人员都明确本次校验工作的作业内容、进度要求、作业标准及安全注意事项
3	开工前，准备好施工所需仪器仪表、工器具、相关材料、相关图纸、上一次试验报告和相关技术资料等，并做好记录	仪器仪表、工器具应检验合格，满足本次施工的要求，材料应齐全，图纸及资料应符合现场实际情况
4	熟悉 SCD 文件、全站网络结构和交换机配置，掌握虚回路连线和光口配置	工作人员需熟悉 SCD 文件、光口配置、全站网络结构和交换机配置方案，掌握 SV 采样方式

（二）定期校验项目

合并单元定期校验项目如表 5-10 所示。

表 5-10　　合并单元定期校验的校验项目

校验项目	备注
1　状态记录及安措执行	
1.1　状态记录	√
1.2　二次安全措施票执行	√
2　合并单元重启自检	
2.1　直流拉合试验	√
2.2　电源检查	√
3　参数核对	
3.1　核对装置型号、版本、CRC 校验码是否与专业管理部门发布的版本库一致	√
3.2　核对装置电压变比、电流变比、死区参数等	√
4　设备、回路检查及清扫	
4.1　装置、压板外观检查，包括屏内电缆接线标牌、LED 指示灯、封堵等	√
4.2　二次回路检查、清扫及端子紧固	√
4.3　对时信号检查	√
4.4　屏蔽接地检查	√
4.5　封堵检查	√
5　合并单元校验	
5.1　开入检查，包括检查检修状态、信号复归、隔离开关位置等	√
5.2　采样值精度检查，包括各通道采样值的幅值、相角和频率的精度	√
5.3　电压切换功能	√
6　设备通信接口检查	
6.1　光纤端口发送功率检查，包括 SV 发送功率、GOOSE 发送功率	√
6.2　光纤端口接收功率检查，包括 GOOSE 接收功率、光 B 码对时接收功率	√
6.3　网口丢包率检查	√
7　GOOSE 功能检查	
7.1　GOOSE 检修机制测试	√
7.2　GOOSE 断链告警测试	√
8　SV 功能检查	
8.1　SV 检修机制测试	√

续表

校验项目	备注
8.2 SV 断链告警测试	√
8.3 SV 断链闭锁测试	√
9 绝缘测试	
9.1 交流电流、电压回路对地绝缘测试	√
9.2 直流回路对地绝缘测试	√
9.3 交直流回路之间绝缘测试	√
9.4 信号回路之间绝缘测试	√
9.5 信号回路对地绝缘测试	√
10 状态移交，工作结束前应恢复安全措施、检查设备状态、核对整定单等	√
11 工作终结，结束工作票，填写检修记录和试验报告	√

（三）典型校验项目的方法

1. 绝缘测试

断开电缆与地之间的连接，使用绝缘测试仪进行绝缘测试，将相同类别的回路端子暂时连接起来进行测试。需要进行测试的回路包括电压互感器回路、电流互感器、直流电源、光电耦合器开入和输出接点；在直流 500V 下用直流绝缘电阻表测得的绝缘电阻应当大于 100MΩ。绝缘测试完成后，确保所有外部接线全部正确与合并单元重新连接。

2. 采样精度测试

交流采样定点校验：对于测量电流，选取 $5\%I_n$、$20\%I_n$、$100\%I_n$、$120\%I_n$ 作为电流校验点；对于测量电压，选取 $80\%U_n$、$100\%U_n$、$110\%U_n$、$115\%U_n$ 作为电压校验点。

输出采样值检查：用继电保护测试仪给合并单元输入不同幅值和相位的电流、电压量，读取合并单元输出数值与继电保护测试仪输出数值，检查合并单元的精度是否满足技术条件的要求。合并单元测量用电流电压互感器误差要求详见表 5-11 所示。

表 5-11　合并单元测量用电流、电压互感器误差要求

准确级	在不同百分数额定电流下电流（比值）误差				电压（比值）误差
	$5\%I_n$	$20\%I_n$	$100\%I_n$	$120\%I_n$	—
0.1	±0.4%	±0.2%	±0.1%	±0.1%	±0.1%
0.2	±0.75%	±0.35%	±0.2%	±0.2%	±0.2%
0.5	±1.5%	±0.75%	±0.5%	±0.5%	±0.5%

3. 同步时间功能检查

断开与时间同步装置相连的光纤，检查合并单元装置报警情况和指示灯，遥测数据输出时标的品质位、同步位情况。失去同步时钟信号 60min 内，守时误差不大于 1ms。

4. 电压切换功能试验

短接相关母线隔离开关位置信号，检查母线电压切换功能和电压输出情况。

第六节　数据通信网关机校验

一、校验目的

通过定期校验对智能变电站数据通信网关机软件、硬件及其二次回路进行常规性检查、维护和试验，确保数据通信网关机能够正常可靠运行。

二、安全注意事项

（1）数据通信网关机更换硬件、升级软件、变更信息点表及配置文件时，应对原软件版本、配置文件及参数、信息点表进行备份。更新完成，检查无误后应重新备份并记录变更信息。

（2）数据通信网关机的通信规约、信息点表、配置文件等升级或变更时，应先在其中一台设备上修改和调试，经测试无误后，再在另一设备上修改和调试，并核对两台参数的一致性。

（3）数据通信网关机使用的信息点表应经相应调控机构审核通过。

（4）严禁频繁插、拔插件。

（5）数据通信网关机需要全年不间断运行，工作中如需重启装置，应提前向调度自动化提出申请，重启前应再次联系得到允许后方可进行。重启过程中应确保一台数据通信网关机数据业务正常。

（6）工作结束前，应与相关调控机构核对业务正常。

三、定期校验项目及方法

（一）装置检查

装置外观及显示内容检查。光纤、网络线插入连接有无异常，各模块板件指示灯及通信接口收发指示灯显示是否正常，装置按键操作应灵活、液晶显示清晰，各功能菜单及显示界面正常，装置自诊断信息是否出现进程异常、存储空间剩余容量低等异常信息。

装置电源检查。数据通信网关机采用双路直流电源独立供电，检查两路电源是否正常，确保中断任一回路电源不造成装置断电或重启。

软件版本核对。现场校验时，核对数据通信网关机软件版本，确保与专业管理部门发布的版本库一致。

（二）通信工况检查

检查是否存在通道中断或数据通信网关机信息出错情况。检查数据通信网关机信息数据库配置，与调度端核对一次设备状态、潮流信息、遥信状态变化信息（包括 SOE 时间）。

检查连接客户端的数量，确保作为客户端的全部间隔层设备均与数据通信网关机连接正常。

冗余配置检查。两台数据通信网关机与主站通信连接时满足冗余配置，以双主机或者主备机热备工作模式。检查数据通信网关机是否双机、双网工况正常，调度端遥测、遥信数据刷新是否正常，各通道通信报文显示正常，通信处理装置各接入设备通信报文显示正常。如果为主备机热备工作模式，检查双机数据是否同步，且主站端收到的数据无漏发、重发现象。

与调度端配合检查数据通信网关机及其通道异常情况下主备通道自动切换功能；通道切换至通信恢复正常时间≤ 10s；切换时，不误发信号，不丢失信号，只重发链路断开至重新恢复连接过程中装置缓存中的 SOE 信号，不发送 COS 信号。

（三）对时功能检查

检查数据通信网关机时间显示是否正确，与时间同步装置（IRIG-B 同步对时）的误差应不超过 1ms。

（四）数据备份

现场定期校验时宜备份数据通信网关机的数据库文件和通信配置参数。

第七节　同步相量测量装置校验

一、校验目的

通过定期校验对同步相量测量装置（PMU）进行外观及功能检查、维护和试验，确保装置正常运行，满足系统动态监测分析的要求。

二、安全注意事项

（1）同步相量测量装置更换硬件、升级软件、变更信息点表及配置文件时，应备份原软件版本、配置文件及参数、信息点表。更新完成，检查无误后应重新备份并记录变更信息。

（2）同步相量测量装置使用的信息点表应经相应调控机构审核通过。

（3）接入常规电流、电压互感器的同步相量测量装置在进行带电拆装、调试及定检工作时，应将装置的电压端子开路、电流端子短接。

（4）同步相量测量装置校验时应与运行间隔做好安全隔离措施，防止出现运行间隔事故。

（5）工作结束前，应与相关调控机构核对业务正常。

三、定期校验项目及方法

（一）装置检查

装置外观及显示内容检查。光纤、网络线插入连接有无异常，各模块板件指示灯及通信接口收发指示灯显示是否正常，装置按键操作应灵活、液晶显示清晰，各功能菜单及显示界面正常，装置自诊断信息是否出现进程异常、存储空间剩余容量低等异常信息。

软件版本核对。现场校验时，核对同步相量测量装置软件版本，确保与专业管理部门发布的版本库一致。

（二）对时功能

同步相量测量装置与标准时钟的同步性是为了满足测量相角的准确度。检查同步相量测量装置对时接口 IRIG-B 光纤是否完好，时间显示是否正确，与标准时钟装置输出的秒脉冲（IRIG-B 同步对时）的误差应不超过 1μs，失去标准授时源后 1h 内守时精度应不超过 55μs（测量持续 2h）。

（三）实时记录功能

检查同步相量测量装置是否可以准确可靠地进行本地存储采集数据，并能正确打开记录的数据。

（四）触发录波功能

检查同步相量测量装置的触发定值设置是否合理，调整输入信号满足触发条件，检查录波文件是否正确生成，启动元件选择是否正确，打开波形文件，检查录波是否正确。此外，还应满足记录触发的时间提前量不应少于 200ms，记录持续时间不应少于 2s。

（五）装置功能检查

1. 零漂检查

对于常规采样接线的校验间隔，在交流回路不加任何激励量（交流电压回路短路、交流电流回路开路）时，检查二次电压回路零漂值应小于 0.05V，二次电流回路零漂值应小于 0.05A。

2. 数据传送功能

与主站配合，检查装置是否能够正常响应主站召唤传送记录数据、远方修改定值及有关参数、远方启动采样数据记录；与主站申请并得到许可后，人为短时断开同步相量测量装置的以太网连接，测试装置是否正确报出通信中断告警。

3. 幅值精度测试

在额定频率下，计算装置输出三相电压、三相电流幅值的测量准确度。方法是：向装置的交流电压、电流回路施加电压幅值 $0.1U_n$~$2.0U_n$，电流幅值 $0.1I_n$~$2.0I_n$ 范围内的三相对称电压、电流测试信号，选取几个固定点，得到的电压和电流幅值误差应不大于0.4%。幅值比对测量误差定义如下：

$$\text{幅值对比测量误差}=\left|\frac{\text{待测装置测量值}-\text{参考装置测量值}}{\text{基准值}}\right|\times 100\%$$

4. 相角角度测试

在额定频率下，计算装置输出额定三相电压、额定三相电流幅值的测量准确度。方法是：向装置的交流电压、电流回路施加电压幅值 $1.0U_n$，电流幅值 $1.0I_n$ 范围内的三相对称电压、电流测试信号，得到的额定电压相角误差不大于0.4° 和额定电流相角误差应不大于1°。相角比对测量误差定义如下：

$$\text{相角比对测量误差}=|\text{待测装置相角测量值}-\text{参考装置相角测量值}|$$

5. 频率误差测试

在额定电压下，计算装置输出频率的测量准确度。方法是：向装置的交流电压施加三相无谐波分量、对称额定电压（$1.0U_n$），在45~55Hz范围内，计算装置输出频率的测量误差不大于0.004Hz。频率比对测量误差定义如下：

$$\text{频率比对测量误差}=|\text{待测装置频率测量值}-\text{参考装置频率测量值}|$$

第八节　网络交换机校验

一、校验目的

通过定期校验对智能变电站网络交换机（简称交换机）进行外观、接口及功能检查、维护和试验，确保装置正常运行，满足系统通信服务的要求。

二、安全注意事项

（1）工作过程中，应做好防止交换机断电停止工作的措施。

（2）工作结束前，应检查过程层网络和站控层网络通信是否恢复正常，并与调度端核对数据业务。

（3）交换机停运、断网、重启操作前，应确认该设备所承载的业务可停用或已转移，避免影响运行设备。

（4）交换机配置变更工作前，应备份设备配置参数。工作结束前，应验证设备上承载业务运行正常。

（5）进行光纤的安装、维护等各种操作时，严禁肉眼靠近或直视光纤出口。

三、定期校验项目及方法

1. 外观检查

（1）检查交换机外观是否正常，积灰情况是否严重，并对其进行清洁。

（2）检查接线是否正常，接地线是否正常，并紧固接线端子。

（3）检查通信网线是否完好，光纤敷设是否正常，光纤曲率是否满足要求。

（4）检查交换机各端口收发指示灯显示是否正常，有无异常亮灯现象。

（5）使用红外测温仪，测试交换机各模块温度，对比分析是否存在异常现象，并及时更换。

2. 通信状态检查

借助网络分析仪等设备的流量分析能力，测试交换机在端口限速转发时，帧丢失率应为 0。

针对校验间隔，测试光口的输出光功率和接收光功率，并满足表 5–12 的参数要求。

表 5–12　　交换机接口参数要求

dBm

接口类型	参数	要求
百兆发送口	光功率（最大）	–14.0
	光功率（最小）	–20.0
百兆接收口	光功率（最大）	–14.0
	接收灵敏度	–31.0
千兆发送口	平均发送光功率（最大）	0.0
	平均发送光功率（最小）	–9.5
千兆接收口	平均接收光功率（最大）	0.0
	接收灵敏度	–17.0

3. 供电电源检查

交换机应支持直流或交流供电，并具备双电源互备，现场校验时主要关注以下两个功能：

（1）电源告警功能检测。检测交换机的告警功能是否正确，检测交换机在电源断电时（单电源掉电、双电源任一路掉电），交换机是否有告警硬接点输出作为交换机异常告警信号。

（2）电源切换时数据转发功能检测。交换机主备电源切换、单双电源切换的过程中不应丢失报文。

4. 软件版本核对

现场校验时，核对网络交换机软件版本，确保与专业管理部门发布的版本库一致。如需升级或变更时，应先得到专业管理部门批准后方可进行，并在事后做好归档和备份管理工作。

第九节　监控系统辅助设备校验

监控系统辅助设备有网络安全设备、时间同步装置、不间断电源设备和网络报文记录分析装置等，定期对其开展外观及功能等项目的校验工作，以满足监控系统正常运行的要求。

一、网络安全设备

（一）工作要求

（1）禁止除专用横向单向物理隔离装置外的其他设备跨接生产控制大区和管理信息大区。

（2）电力监控系统上工作应使用专用的调试计算机及移动存储介质，调试计算机严禁接入外网。

（3）禁止在电力监控系统中安装未经安全认证的软件。

（4）禁止在电力监控系统运行环境中进行新设备研发及测试工作。

（5）禁止直接通过互联网更新安全设备特征库、防病毒软件病毒库。

（6）电力监控系统投运前，应删除临时账号、临时数据，并修改系统默认账号和默认口令。

（7）电力监控系统设备变更用途或退役，应擦除或销毁其中数据。

（8）电力监控系统的过期账号及其权限应及时注销或调整。

（二）安全注意事项

（1）网络安全设备停运、断网、重启操作前，应确认该设备所承载的业务可停用或已转移。

（2）网络安全设备配置变更工作前，应备份设备配置参数。更改配置时，存在冗余设备的，应先在备用设备上修改和调试，经测试无误后，再在其他设备上修改和调试，并核对主备机参数的一致性。工作结束前，应验证网络与安全设备上承载业务运行正常。

（3）在网络安全设备进行工作时，严禁绕过安全设备将两侧网络直连。

（4）网络安全设备配置协议及策略应遵循最小化原则。

（三）定期校验项目及方法

（1）检查防火墙、纵向认证加密等网络安全设备的外观是否正常，积灰情况是否严重，并对其进行清洁。

（2）检查接线是否正常，接地线是否正常，并紧固接线端子。

（3）检查通信网线是否完好，各端口收发指示灯显示是否正常。

（4）核对网络安全设备软件版本，确保与专业管理部门发布的版本库一致。如需升级或变更时，应先得到专业管理部门批准后方可进行，并在事后做好归档和备份管理工作。

二、调度数据网设备

（一）工作要求

（1）工作过程中，应做好防止调度数据网设备断电停止工作的措施。

（2）工作结束前，应检查站内通信是否恢复正常，必要时与调度端核对数据业务。

（二）安全注意事项

（1）路由器、交换机设备停运、断网、重启操作前，应确认该设备所承载的业务可停用或已转移。

（2）路由器、交换机设备配置变更工作前，应备份设备配置参数。工作结束前，应验证设备上承载业务运行正常。

（三）定期校验项目及方法

1. 外观检查

（1）检查路由器、交换机外观是否正常，积灰情况是否严重，并对其进行清洁。

（2）检查接线是否正常，接地线是否正常，并紧固接线端子。

（3）检查通信网线是否完好。

（4）检查路由器、交换机各端口收发指示灯显示是否正常。

（5）使用红外测温仪，测试路由器、交换机设备温度，对比分析是否存在异常现象，并及时更换。

2. 通信状态检查

借助调度数据网络的流量分析能力，测试任意两个网络节点间的网络丢包率应满足要求（小于 10^{-5}）。

检查不使用的端口是否处于关闭状态，防止未经许可的接入。

3. 供电电源检查

路由器、交换机应支持直流供电，并具备双电源互备，现场校验时主要关注电源切换时数据转发功能。路由器、交换机主备电源切换或单双电源切换的过程中不应丢失数据报文。

4. 软件版本核对

现场校验时，核对调度数据网设备的软件版本，确保与专业管理部门发布的版本库一致。如需升级或变更时，应先得到专业管理部门批准后方可进行，并在事后做好归档和备份管理工作。

三、时间同步装置

（一）工作要求

（1）时间同步装置更换硬件、升级软件时，应将本设备设置为备用状态，更换或升级完成，经测试无误后方可投入运行。

（2）工作结束前，应核对被授时设备对时功能正常。

（二）安全注意事项

在检查同步时钟天线及馈线需登高时，必须佩戴安全帽、安全带和必要的安全工器具，至少有两人进行工作，作好监护。

（三）定期校验项目及方法

1. 外观检查

（1）屏后应清洁无尘，接线应无机械损伤，端子压接应紧固，风扇运转正常，无异常噪音。

（2）对时装置背板所有插座、插头应插紧，连接牢靠，线缆布置整齐，接线牢固，标识清晰正确。

（3）各工况指示灯正常，无失步告警。

（4）按键操作灵活，显示界面清晰。

（5）同时跟踪卫星不少于4颗。

（6）对时装置及脉冲扩展板指示灯1PPS及1PPM检查正常。

2. 屏蔽接地检查

（1）硬对时输出电缆必须用屏蔽电缆。

（2）屏蔽电缆的屏蔽层必须两端接地。

（3）检查屏后必须有接地端子，并用截面积不小于$4mm^2$的多股铜线和接地网直接连通。

3. 冗余功能检查

双机工况指示正确；冗余设备切换试验后，系统对时功能正常。

4. 对时功能检查

（1）检查卫星时钟接收功能是否正常。

（2）检查卫星天线及馈线，包括天线蘑菇头无破损、开裂，接头紧固，支架固定牢靠，天线馈线电缆无损伤。天线引入应有防雷措施。

5. 软件版本核对

现场校验时，核对时间同步装置软件版本，确保与专业管理部门发布的版本库一致。如需升级或变更时，应先得到专业管理部门批准后方可进行，并在事后做好归档和备份管理工作。

四、不间断电源设备（UPS）

（一）工作要求

（1）新增负载前，应核查电源负载能力。

（2）拆接负载电缆前，应断开相应负载的电源输出开关。

（3）裸露电缆线头应做绝缘处理。

（4）不间断电源主机设备断电校验前，应先确认负荷已经转移或关闭。

（5）不间断电源主机设备校验时，应严格执行停机及断电顺序。

（6）结合图纸检查现场电源回路接线；做好监控系统功能失效的预控措施。

（二）定期校验项目及方法

1. 外观检查

（1）检查屏柜及设备外观无异常、无积尘；风扇运转正常，无异常噪声；线缆布置整齐，接线与端子连接紧固，电缆无老化状态，回路编号清晰正确；设备接地连接可靠；直流及交流空开匹配满足要求。

（2）检查电源（UPS 输入电源）是否正常、适当扩大到蓄电池直流电源，二次回路有无过热、异常声响、异味和冒烟等现象。

（3）检查各运行工况指示灯正确，负载指示不超过 30%。

（4）紧固各接线端子的螺丝，防止接触不良导致发热。

（5）定期通过红外测温装置，测量电流端子温度，发现异常及时处理。

2. 电源测试

借助万用表等仪表测试不间断电源输出电压是否稳定。

3. 电源冗余检查

双套逆变交流输入接线应来自不同交流母线，直流输入接线来自不同直流母线。断开交流输入电源，输出电源应正常；断开直流输入电源，输出电源应正常。

停用一套电源，监控后台主机、数据通信网关机、网络安防设备等应能保证单机、单网正常运行，不影响监控功能。

旁路功能投入时，不影响电源供电；旁路投入要与逆变器输出电源相互闭锁。

五、网络报文记录分析装置

（一）工作要求

（1）现场校验网络报文记录分析装置前，做好模型及记录数据备份工作。

（2）在进行网络报文记录分析装置的功能校验时，如需要临时拔掉光纤或网线，应先核对并做好标记，并防止光纤损伤及光头污染。

（3）功能校验结束时，应按照记录恢复光纤或网线接线，防止出现错接、漏接等现象，影响网络报文记录分析装置正常工作，甚至导致网络风暴等异常情况。

（二）定期校验项目及方法

1. 装置检查

检查网络报文记录分析装置有无异常状态。通过装置自检、装置故障或异常的报警指示等，以及装置故障（含失电）、装置异常等信息，判断装置的运行状况，应满足正常运行的要求。自检信息包括 CPU 负荷率、内存利用率、存储介质状态、温度、对时状态、内部通信状态、各采集单元的连接和对时状态、硬盘异常告警等。

检查网络报文记录分析装置的时间信号，采集单元同步对时误差应不超过 ±1μs；在没有外部时钟源校正时，采集单元 1h 守时误差应不超过 ±1ms；管理单元同步对时误差应不超过 ±1s。

现场校验时，核对网络报文记录分析装置的软件版本，确保与专业管理部门发布的版本库一致。如需升级或变更时，应先得到专业管理部门批准后方可进行，并在事后做好归档和备份管理工作。

2. 通信状况检查

检查网络报文记录分析装置的通信记录功能，满足对站内通信信息进行完整记录的要求，记录内容包括站控层网络通信信息、间隔层 GOOSE 信号信息以及过程层采样值信号信息的全过程（包括正常过程和故障过程的所有信息），所记录的每一帧数据必须带独立的时标，时标精度不大于 1μs。

检查光口发送接收功率及灵敏度。光波长为 1310nm 时光接口光发送功率应满足 –20 ~ –14dBm；光波长为 850nm 时光接口光发送功率应满足 –19 ~ –10dBm。光波长为 1310nm 时光接口光接收灵敏度应满足 –31 ~ –14dBm；光波长为 850nm 时光接口光接收灵敏度应满足 –24 ~ –10dBm。

检查网络报文记录分析装置的预警功能。人为断开校验设备的通信物理链路，出现报文或网络异常，检查网络报文记录分析装置给出预警信号并启动异常报文记录功能是否正常。报文或网络异常现象包括采样值频率合法性和稳定性、采样值之间的同步性、采样值数据属性变化、GOOSE 与 SCD 配置一性、采样值报文合法性、采样值报文结构、采样值连续性、通信中断和网络风暴等。

第十节 典型项目操作练习

一、测控装置典型项目

请根据测控装置的定期校验项目介绍和测控装置定值单，完成同期功能的无压校验、电压差校验和相角差校验操作练习，校验结果记录分别见表 5–13 ~ 表 5–15。

表 5–13 同期功能无压校验

校验方式	整定值（V）		动作情况
	母线侧	线路侧	
105% 整定值下的动作行为			
95% 整定值下的动作行为			

表 5-14　　同期功能电压差校验

校验方式	整定值（V）		动作情况
	母线侧	线路侧	
105% 整定值下的动作行为			
95% 整定值下的动作行为			

表 5-15　　同期功能相角差校验

校验方式	整定值（°）		动作情况
	母线侧	线路侧	
105% 整定值下的动作行为			
95% 整定值下的动作行为			

二、智能终端典型项目

（一）智能终端动作时间测试

1. 试验方法

测试智能终端动作时间采用模拟测试法。

2. 试验步骤

（1）测试智能终端动作时间需要连接数字继电保护测试仪与智能终端，接线方式如图 5-2 所示。

图 5-2　智能终端动作时间测试接线图

（2）数字继电保护测试仪分别发送一组 GOOSE 跳、合闸命令，记录测试仪报文发送与硬接点输入的时间差。

（3）检查测试结果是否满足标准，即智能终端应在 5ms 内可靠动作。

（二）智能终端检修品质位检查

1. 试验方法

检查智能终端检修品质位采用模拟测试法。

2. 试验步骤

（1）检查智能终端检修品质位需要连接数字继电保护测试仪与智能终端，试验接线方式如图 5-3 所示。

图 5-3 智能终端检修品质位检查测试接线图

（2）投入智能终端检修压板，用数字继电保护测试仪给装置发送带检修品质位的GOOSE分、合闸命令，检查装置是否进行分、合闸；用数字继电保护测试仪给装置发送不带检修品质位的GOOSE分、合闸命令，检查装置是否不进行分、合闸。

（3）退出智能终端检修压板，用数字继电保护测试仪给装置发送带检修品质位的GOOSE分、合闸命令，检查装置是否不进行分、合闸；用数字继电保护测试仪给装置发送不带检修品质位的GOOSE分、合闸命令，检查装置是否进行分、合闸。

（4）检查结果应满足技术标准要求：智能终端GOOSE发送报文的数据品质位应正确，接收保护、测控的信息应正确处理。

三、合并单元典型项目

（一）合并单元时钟同步测试

1. 试验方法

测试合并单元时钟是否同步采用比较法。

2. 试验步骤

（1）通过标准时钟源对合并单元和时间测试仪进行授时，可比较得出合并单元时钟是否同步，其试验接线方式如图5-4所示。

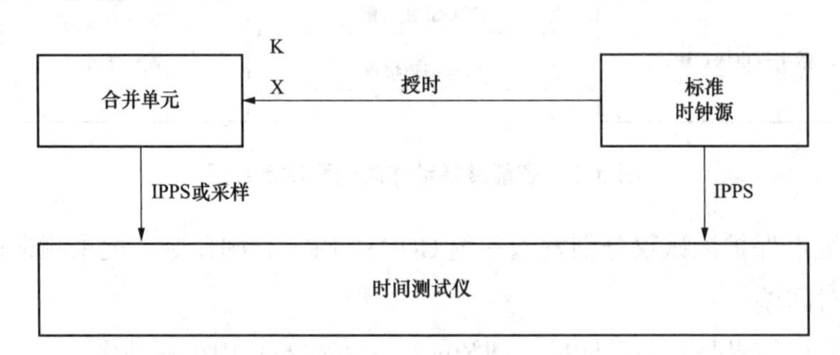

图 5-4 合并单元时钟同步测试接线图

（2）待标准时钟源给合并单元授时稳定10min以上后，利用时间测试仪读取合并单元时间同步误差的最大值。

（3）断开授时点，持续10min以上后，利用时间测试仪读取合并单元时间同步误差的最大值。

（4）检查合并单元的对时误差与守时误差应满足技术标准要求：合并单元对时误差的最大值应不大于1μs，10min的守时误差应不大于4μs。

（二）合并单元品质位检查

1. 试验方法

检查合并单元品质位采用模拟测试法。

2. 试验步骤

（1）检查合并单元品质位需要连接数字继电保护测试仪、合并单元和合并单元测试仪，其试验接线方式如图 5–5 所示。

图 5–5　合并单元品质位检查接线图

（2）在数字测试仪无输出电流、电压时，通过合并单元测试仪检查 SV 报文自诊断状态品质位。

（3）在数字测试仪输出电流、电压时，通过合并单元测试仪检查 SV 报文自诊断状态品质位。

（4）断开数字测试仪与合并单元的光纤，通过合并单元测试仪检查 SV 报文错误标品质位。

（5）恢复数字测试仪与合并单元的光纤，通过合并单元测试仪检查 SV 报文错误标品质位。

（6）投入合并单元检修压板，通过合并单元测试仪检查 SV 报文置检修品质位，重启合并单元，再次检查 SV 报文置检修品质位。

（7）检查测试结果应满足技术标准要求：在数字测试仪正常工作时，SV 报文品质应无置位；在数字测试仪输出异常时，SV 报文品质位应不附加任何延时正确置位；合并单元检修压板投入时，装置发送的所有数据通道 SV 品质位均置检修。

第六章

监控系统缺陷处理

6

监控系统缺陷处理介绍了监控系统的典型缺陷（包括遥测、遥信、遥控、通信及高级应用缺陷）的处理过程，包括缺陷处理所需的安全措施，根据现象定位缺陷以及验证方法等。

第一节 遥测类缺陷处理

一、安全措施

（1）做好电压、电流回路安全措施，防止电流回路开路、电压回路短路或反充电。

（2）做好与运行设备之间的隔离措施，防止误入带电间隔，误碰其他带电设备。

（3）电源回路工作时需有专人监护，防止直流系统接地或短路、交流电源短路。

（4）根据实际情况投入相应合并单元、智能终端、测控装置的检修压板。

（5）修改合并单元、智能终端、测控装置、监控后台、数据通信网关机配置或软件升级前应做好备份，修改配置时应设专人监护，修改后应做相应功能的验证。

（6）因缺陷处理可能导致调度主站遥测数据跳变时，应提前告知相关调度主站封锁相应的遥测数据（根据具体情况封锁单间隔遥测数据或整站遥测数据）；消缺完成后，应汇报相关调度主站，确认通道、数据无异常后取消数据封锁。

（7）涉及合并单元、智能终端的消缺工作，根据实际情况申请停役一次设备。

二、常用方法

（一）故障定位

根据现象依次检查调度主站、监控后台、测控装置、合并单元（智能终端）的遥测数值，来定位故障装置（二次回路、SCD 文件配置、合并单元、智能终端、监控后台、数据通信网关机），具体操作流程如图 6-1 所示。

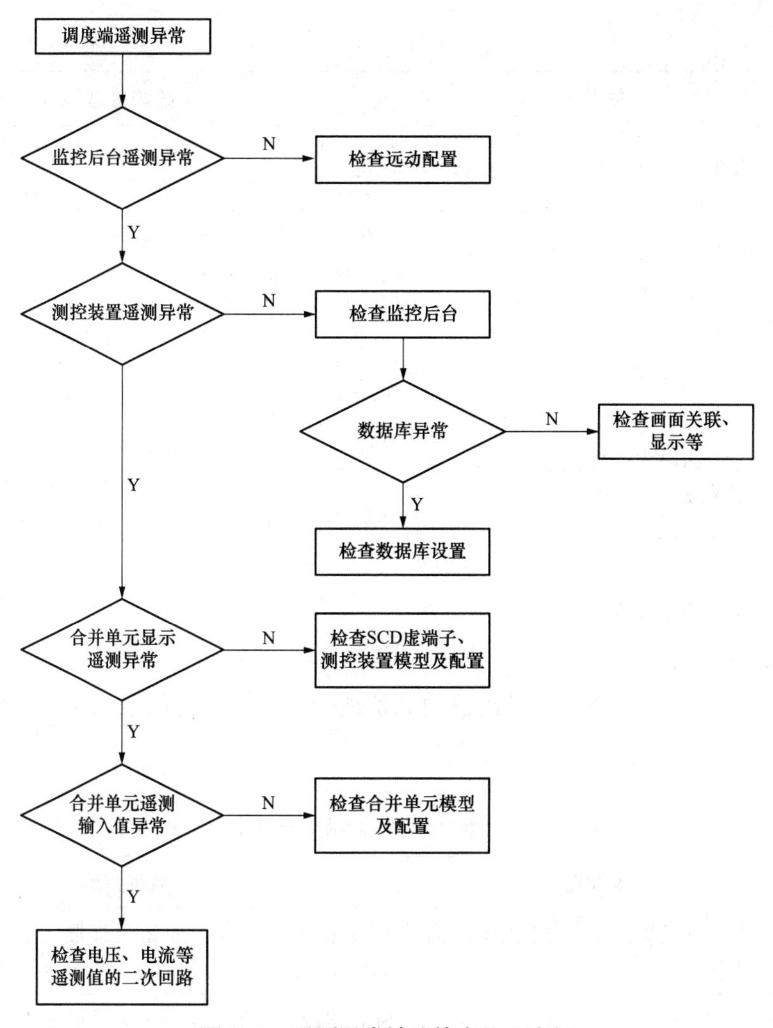

图 6–1　遥测异常缺陷检查处理流程

（二）故障分类及处理

1. 二次回路故障

故障现象：利用仪表仪器，检查接入合并单元的遥测值与实际不一致。具体的故障点和故障处理方法如表 6–1 所示。

表 6–1　　二次回路故障的故障点和故障处理方法

序号	故障点	故障处理
1	电流回路单相、相间被短接	查看合并单元上的电流数据大小与实际不一致，确认端子、背板上是否存在短接，发现后进行恢复
2	电流回路接线有交叉或两组电流之间交叉	查看合并单元上的电流数据与实际相序（运行设备用相位表测量，停役设备可用仪器加量）不符，确认端子、背板上是否存在交叉接线情况，发现后进行恢复

续表

序号	故障点	故障处理
3	电压回路中空气开关接线虚接	查看合并单元上无电压数据，并用万用表测量发现无电压，检查空开是否有接线虚接，发现后进行恢复
4	同期电压 U_x、U_{xn} 接反，导致同期相差 180°	查看合并单元上同期电压数值，并用万用表测量线路电压与基准相电压差值，发现电压大小有误，检查端子接线，发现后进行恢复
5	电压 U_n 接线虚接	查看合并单元上各相电压数据均不准，确认 U_n 的接线是否错位，是否虚接，发现后进行恢复
6	电压回路内、外侧线接线错位、交叉或一相虚接	查看合并单元上的电压数据，与实际大小不符，定位故障是在电压接线，核对端子上的内外侧接线，发现后进行恢复

2. 装置侧及 SCD 文件配置错误

故障现象：接入合并单元的二次回路的测量值均正确，但利用相应调试工具，查看合并单元 / 智能终端或测控装置显示的遥测值无值或值不对。具体的故障点和故障处理方法如表 6–2 所示。

表 6–2　装置侧及 SCD 文件配置错误的故障点和故障处理方法

序号	故障点	故障处理
1	合并单元装置模型数据集中未添加该遥测	SCD 组态编辑中添加相关遥测，更新 SCD 文件和 CID 文件，后台重新倒库，测控 CID 重新下装
2	SCD 内虚端子连接错误	SCD 修改正确，导出并下装至相关装置，重启装置
3	合并单元 TA 变比设置不正确	利用调试工具修改合并单元 TA 变比
4	合并单元、测控装置 TA 极性反	利用调试工具修改合并单元、测控装置 TA 极性
5	测控装置遥测死区（零漂抑制门槛）设置错误	修改测控装置遥测死区（零漂抑制门槛）的设置值，不应过大
6	测控装置功能设置错误	根据不同厂家的设备检查专有设置，例如测控装置交流 CPU 没有投入，测控装置型号设置错误，测控装置设置二次值上送等，应更改装置设置
7	合并单元采样插件损坏	更换合并单元采样插件，重新进行遥测试验
8	合并单元 / 智能终端与测控装置下装的配置文件不匹配	利用同一个 SCD 文件导出并下装至对应装置

3. 监控系统参数配置错误（包括数据库和画面）

故障现象：测控装置显示的遥测值正确，但监控后台数据库里的实时遥测值不正确；

或者数据库里的实时遥测值正确，但画面显示不正确。具体的故障点和故障处理方法如表6–3所示。

表6–3 监控系统设置错误的故障点和故障处理方法

序号	故障点	故障处理
1	数据库遥测系数设置错误	修正数据库遥测系数，保存并发布
2	数据库遥测偏移量（校正值）设置错误	修正数据库遥测偏移量（校正值），保存并发布
3	数据库遥测变化死区设置过大	修正数据库遥测死区，保存并发布
4	数据库遥测零值死区（残差）过大	修正数据库遥测零值死区（残差），保存并发布
5	数据库遥测设置了封锁（遥测允许标记处理允许被取消）	数据库遥测下的允许标记正确设置（解除封锁），保存并发布
6	遥测设置了人工置数	取消人工置数，保存并发布
7	画面遥测定义错误	画面与数据库重新关联，保存并发布
8	画面遥测小数点无显示或小数点前显示位数设置过少	修正遥测数值显示格式，保存并发布

4. 数据通信网关机参数配置错误

故障现象：测控装置和监控后台显示的遥测值正确，但调度主站端显示遥测值不正确。具体的故障点和故障处理方法如表6–4所示。

表6–4 数据通信网关机设置错误的故障点和故障处理方法

序号	故障点	故障处理
1	104转发点表设置错误	修改转发表，保存下装，重启数据通信网关机
2	104转发点表遥测点设置了系数、偏移量	修改转发表后的遥测具体属性，保存下装，重启数据通信网关机
3	104转发点表遥测点设置了死区值	修改转发表后的遥测具体属性，保存下装，重启数据通信网关机
4	104转发点表遥测点转发类型错误（非浮点数）	修改104规约可变信息中涉及遥测上送类型为短浮点，保存下装，重启数据通信网关机
5	104规约可变信息短浮点遥测上送字节顺序错误	修改遥测上送字节顺序为从低到高

三、案例解析

（一）案例一

某变电站监控后台与220kV某线路间隔测控装置均显示线路电压为零。

现场检查发现网络分析装置中，该间隔线路电压采样也为零，故初步判断为该间隔合并单电压二次采样电路或回路存在故障。在间隔合并单元线路电压端子处，用万用表测量发现电压为零，再测量该间隔线路电压互感器端子箱处的电压，发现线路电压二次回路存在虚接。

做好安全措施后，可靠地接入线路电压电缆芯，用万用表测量间隔合并单元线路电压输入已恢复正常，并检查测控装置与监控后台的线路电压恢复正常。

（二）案例二

远方调度主站发现某条线路两端的功率不匹配，检查发现该线路一端所在变电站的母线功率不平衡，但电压、电流均无缺相现象。

现场检查发现，该线路间隔的电流、电压相位均正常，但是两个变电站的同一线路测控装置显示的一次电流值不一致，故初步判断电流变比设置存在问题。做好安全措施后，通过调试工具登录合并单元修改电流变比为正确值。

检查该线路两端测控装置显示的一次电流值基本一致，核算母线功率平衡误差符合要求，调度主站显示的线路两端功率已匹配。

（三）案例三

某变电站监控后台和某主变高压侧测控装置的母线电压均显示零，但是其他间隔母线电压正常。

现场检查发现，该测控装置没有发出SV断链报警，故初步判断为间隔合并单元或母线合并单元存在故障。做好相应安全措施后，用手持式数字测试仪抓取母线合并单元发给该间隔合并单元的SV报文，发现SV采样数据正常，而在测控装置GOOSE/SV插件背板用手持式数字测试仪抓取SV报文，发现无母线电压数据，判断间隔合并单元接收插件存在问题。

联系厂家更换合并单元SV接收插件，更换后检查该间隔的测控装置、网络分析装置和监控后台的母线电压均显示正常。

（四）案例四

在远方调度主站、监控后台和测控装置上观察到某条处于运行状态的非空载线路的电流显示为零。

现场用钳形电流表测量发现，该线路间隔二次电流回路有电流，但数值较小，故初步判断为零值死区造成电流值显示为零。依据测控装置设置的零漂抑制门槛值，经换算后发现电流二次值小于该门槛值，因此可以判断是零值死区值设置过大引起的电流采样错误。

做好安全措施后，重新设定零漂抑制门槛，修改后该间隔测控装置、监控后台与远方调度主站的电流值均显示正常。

（五）案例五

夏日，某变电站监控后台一直显示1号主变压器油温为36℃，远方调度主站及1号主变压器本体测控装置均显示主变压器油温在50~60℃波动。

现场检查发现，1号主变压器油温表指针指示的温度与1号主变压器本体测控装置一致，故初步判定为监控后台的油温显示存在问题。检查监控后台据库中主变油温的变化死区值，确定数值设置无误。再检查主变油温是否被置数或封锁，发现数据已被封锁。

解除1号主变压器油温封锁，确认监控后台1号主变压器油温显示恢复正常。

（六）案例六

某基建变电站调试过程中，发现远方调度主站的遥测数据与测试仪所加交流量不一致，需要经过一段时间才与所加量一致。

现场检查发现，监控后台显示的遥测数据与测试仪所加量一致，故初步判断测控装置不存在故障。通过调试工具登录数据通信网关机检查配置参数，发现变化死区设置正常，但是报告控制块触发条件的设定值（dchg=0未设置变化数据上送方式）存在问题。做好安全措施后，修改触发选项重启数据通信网关机。

检查远方调度主站的遥测数据恢复正常。

第二节　遥信类缺陷处理

一、安全措施

（1）做好与运行设备之间的隔离措施，防止误入带电间隔，误碰其他带电设备。

（2）电源回路工作时需有专人监护，防止直流系统接地或短路、交流电源短路。

（3）拆除遥信公共电源，防止带电处理二次回路故障。

（4）根据实际情况投入相应合并单元、智能终端、测控装置的检修压板。

（5）修改合并单元、智能终端、测控装置、监控后台、数据通信网关机配置或软件升级前应做好备份，修改配置时应设专人监护，修改后应做相应功能的验证。

（6）因缺陷处理可能导致调度主站遥测数据跳变时，应提前告知相关调度主站封锁相应的遥测数据（根据具体情况封锁单间隔遥测数据或整站遥测数据）；消缺完成后，应汇报相关调度主站，确认通道、数据无异常后取消数据封锁。

（7）涉及合并单元、智能终端的消缺工作，根据实际情况申请停役一次设备。

二、常用方法

（一）故障定位

根据现象依次检查调度主站、监控后台、测控装置、合并单元（智能终端）的开入量（GOOSE 开入量），定位故障装置（二次回路、SCD 文件配置、合并单元、智能终端、监控后台、数据通信网关机），具体操作流程如图 6–2 所示。

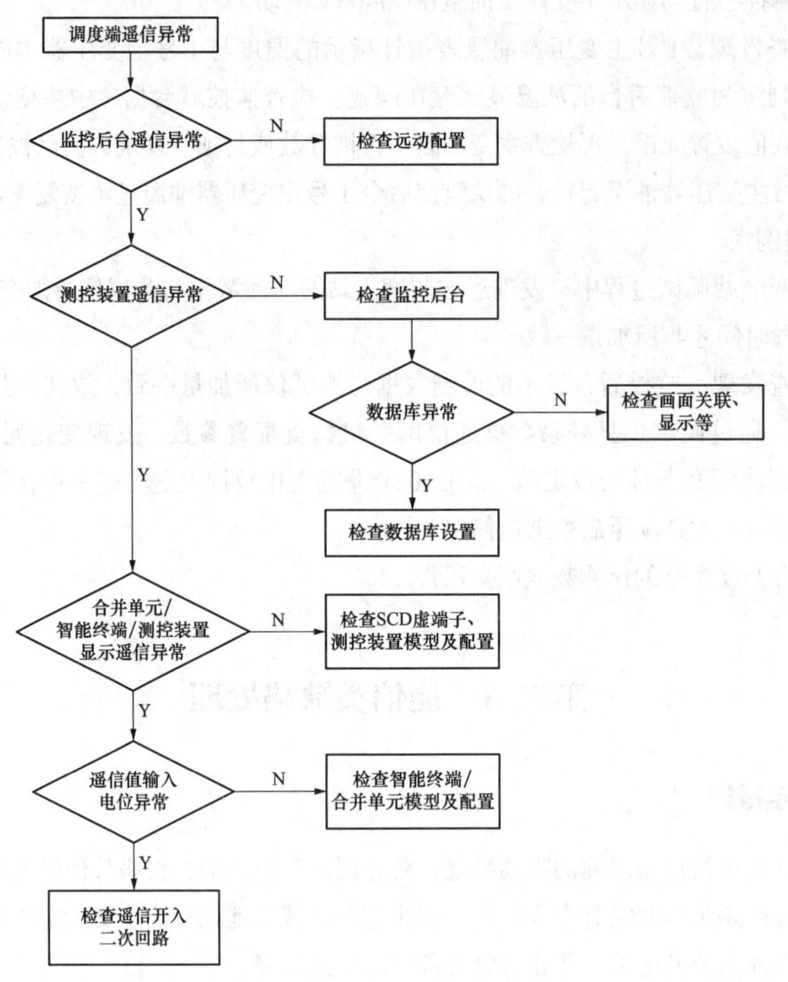

图 6–2　遥信异常缺陷检查处理流程

（二）故障分类及处理

1．二次回路故障

故障现象：用万用表等仪器工具测量实际的开入量电位与实际开入动作情况不一致。具体的故障点和故障处理方法如表 6–5 所示。

表 6–5　二次回路故障的故障点和故障处理方法

序号	故障点	故障处理
1	智能终端 / 合并单元 / 测控装置遥信正、负电源端子虚接或错位	本装置的所有开入均不正确，用万用表测量端子上的正、负电源是否有电压，并确认接线正确、接触良好，确认线是否接对，并将接错的线恢复

续表

序号	故障点	故障处理
2	开入量的信号电缆虚接或错位	单个开入量不正确，用万用表测量开入量的电压与实际不一致，检查接线是否接触良好
3	一次设备位置信号的辅助触点故障（绝缘下降导致导通）	更换至备用常开 / 常闭辅助触点

2. 装置 SCD 文件配置错误

故障现象：用万用表等仪器工具测量实际的开入量电位与实际开入动作情况一致，但利用调试工具，查看合并单元 / 智能终端或测控装置显示的开入值不对。具体的故障点和故障处理方法如表 6–6 所示。

表 6–6　　SCD 文件配置错误的故障点和故障处理方法

序号	故障点	故障处理
1	合并单元装置模型数据集中未添加该遥信	SCD 组态编辑中添加相关遥信，更新 SCD 文件和 CID 文件，后台重新倒库，测控 CID 重新下装
2	SCD 内虚端子连接错误	SCD 修改正确，导出并下装至相关装置，重启装置
3	智能终端、测控装置遥信防抖时间设置错误	修改智能终端。测控装置遥信防抖时间
4	智能终端、合并单元、测控装置的开入板故障	更换智能终端、合并单元、测控装置的开入插件，重新进行遥信试验
5	合并单元、智能终端与测控装置下装的配置文件不匹配	利用同一个 SCD 文件导出并下装至对应装置

3. 监控系统设置错误（包括数据库和画面）

故障现象：测控装置显示的遥信值正确，但监控后台数据库里的实时遥信值不正确；或者数据库里的实时遥信值正确，但画面显示不正确。具体的故障点和故障处理方法如表 6–7 所示。

表 6–7　　监控系统设置错误的故障点和故障处理方法

序号	故障点	故障处理
1	数据库遥信设置取反	数据库遥信下的允许标记正确设置，保存并发布
2	数据库遥信设置了封锁（遥信允许标记处理允许被取消）	数据库遥信下的允许标记正确设置（解除封锁），保存并发布

续表

序号	故障点	故障处理
3	遥信设置了人工置数	取消人工置数，保存并发布
4	画面遥信关联错误	画面与数据库重新关联，保存并发布
5	图元设置错误	修改图元，保存并发布

4. 数据通信网关机设置错误

故障现象：测控装置和监控后台显示的遥信值正确，但调度主站端显示遥信值不正确。具体的故障点和故障处理方法如表 6–8 所示。

表 6–8　数据通信网关机设置错误的故障点和故障处理方法

序号	故障点	故障处理
1	104 转发点表设置错误	修改转发表，保存下装，重启数据通信网关机
2	104 转发点表遥信点设置了取反	修改遥信属性，保存下装，重启数据通信网关机
3	104 转发点表遥信点 COS 及 SOE 设置为无效	修改遥信属性，保存下装，重启数据通信网关机

三、案例解析

（一）案例一

在远方调度主站和监控后台中看到一个间隔同时报开关机构加热器故障和就地控制信号，但运行人员反馈开关机构处于远方状态。

根据现场图纸，在智能终端端子排处用万用表测量开关机构加热器故障和就地控制信号回路的电位，发现两个信号均为正电。拆出一个信号线（开关机构加热器故障），监控后台相应的信号恢复正常。因此判断智能终端正常，故障点在二次回路上。梳理回路，发现断路器机构箱中这两个信号端子紧挨着，而且端子间存在腐蚀现象，实际动作的信号为加热器故障信号。

做好安全措施后，更换新的端子和加热器，检查监控后台的光字牌显示恢复正常。

（二）案例二

检修人员在隔离开关维护工作中，对隔离开关分、合闸进行试验，每次分闸或合闸操作时，监控后台告警窗会发出多次分位、合位信号，最终稳定为正确的位置状态。

现场检查发现，隔离开关操作到位时，隔离开关位置信号的电位变化稳定，故判断辅助接点无故障，二次回路无明显干扰。在测控装置上可以看到位置变化有抖动现象。通过手持式数字测试仪抓取智能终端输出 GOOSE 报文也确认了这一结果。因此判断智能终端存在异常现象。做好安全措施后，通过调试工具登录智能终端检查防抖时间设置，发现防抖时间设置过小，修改为正常数值。

修改后检查隔离开关分合操作时的后台告警窗内容，告警记录正确。

（三）案例三

某基建变电站，在调试主变压器间隔信号时发现监控后台某断路器的“控制回路断线”光字牌不会动作。

现场检查发现，控制回路 TWJ、HWJ 信号均正确，故初步判断控制回路正常。在测控装置上检查 GOOSE 开入信号，发现控制回路断线一直为分位，因此可以将故障范围缩小至 SCD 组态和智能终端。通过系统配置工具检查 SCD 组态文件，发现虚端子连接中，控制回路断线信号的外部虚端子关联错误，修改该 SCD 组态文件，做好安全措施后，对智能终端及测控装置重新下装配置。

重启装置后，检查控制回路断线信号恢复正常。

（四）案例四

某变电站基建验收过程中发现一条 220kV 线路的正、副母隔离开关位置显示与实际相反。

现场检查发现，智能终端隔离开关位置显示与一次设备一致，故初步判断智能终端没有故障。检查测控装置的隔离开关 GOOSE 开入信号，发现正、副母隔离开关位置与实际不符，可以判断为 SCD 虚端子配置存在问题。查阅 SCD 组态文件发现正、副母隔离开关的虚端子连线错误。修改 SCD 组态文件，做好安全措施后，将导出的配置下装至测控装置。

重启测控装置后，检查监控后台、远方调度主站的位置信号显示正确。

（五）案例五

在试分、合断路器过程中，发现监控后台的三相不一致动作光字牌亮，但经过一段时间后自动复归，而且现场断路器未发生三相不一致动作。

现场对断路器再次进行遥控试验，发现测控装置与远方调度主站均不显示三相不一致动作，故判断信号错误的原因是监控后台本身的原因。仔细核对监控画面光字牌的关联时发现弹簧未储能信号与三相不一致动作信号关联错误，导致误发三相不一致信号。

做好安全措施，联系厂家指导修改光字牌关联后，信号显示恢复正常。

（六）案例六

某间隔进行 C 级检修过程中发现合并单元检修压板投入时，监控后台仍然显示这个检修压板为分位。

现场检查发现，合并单元的检修灯亮，可以判断二次回路没有故障。在测控装置上查看合并单元检修压板 GOOSE 开入信号，发现检修压板为合位，故合并单元正常。检查监控后台发现合并单元检修压板被人工置数、封锁。做好后台备份后解除检修压板置数或封锁。

投退合并单元检修压板，检查监控后台合并单元检修压板信号显示恢复正常。

（七）案例七

值班监控人员发现变电站的某测控装置的远方/就地切换压板处于就地状态，联系运行人员现场核查发现该切换压板实际处于远方位置，监控后台也显示为远方位置。

现场检查发现，测控装置对应的开入信号确实为远方位置，故初步判断故障点在数据通信网关机或调度主站。联系值班调控人员检查前置机和服务器数据库设置，确认远方/就地切换压板信号没有人工置数和取反设置。因此可以判断数据通信网关机存在异常。做好安全措施后，通过调试工具登录数据通信网关机检查参数设置，发现该切换压板信号设置了取反。取消置反操作后，与调度自动化沟通并重启数据通信网关机。

进行投退压板试验，监控主站远方/就地切换信号恢复正常。

第三节　遥控类缺陷处理

一、安全措施

（1）做好与运行设备之间的隔离措施，防止误入带电间隔，误碰其他带电设备。

（2）电源回路工作时需有专人监护，防止直流系统接地或接地、交流电源短路。

（3）根据实际情况投入相应合并单元、智能终端、测控装置的检修压板。

（4）遥控操作前，应将其余运行间隔测控装置“远方/就地”操作把手切至“就地”，取下断路器、隔离开关遥控出口压板，必要时断开闸刀操作电源。

（5）进行遥控试验时，操作人员操作必须有人监护，若一次设备上同时有工作，还应得到一次工作负责人同意，并指定专人到现场监视。

（6）修改合并单元、智能终端、测控装置、监控后台、数据通信网关机配置或软件升级前应做好备份，修改配置时应设专人监护，修改后应做相应功能的验证。

（7）重启数据通信网关机、网络设备前告知相关调度主站，申请数据封锁；消缺完成后，应汇报相关调度主站，确认通道、数据无异常后取消数据封锁。

（8）遥控类缺陷通常结合一次设备停役进行。

二、常用方法

（一）故障定位

根据缺陷现象，若调度主站遥控不成功，尝试在监控后台进行遥控试验，若遥控成功，则为通信网关机通信及配置故障；若监控后台遥控也不成功，则在测控装置上进行遥控试验。若测控装置上控制成功，则为监控后台通信及配置故障；若测控装置上控制也不成功，则在智能终端上利用开出传动进行遥控试验。若控制成功，则为测控装置通信及配置故障；若控制也不成功，则在机构就地进行控制。若成功，则为智能终端配置或插件故障；若也不成功，则检查控制回路。具体操作流程如图 6–3 所示。

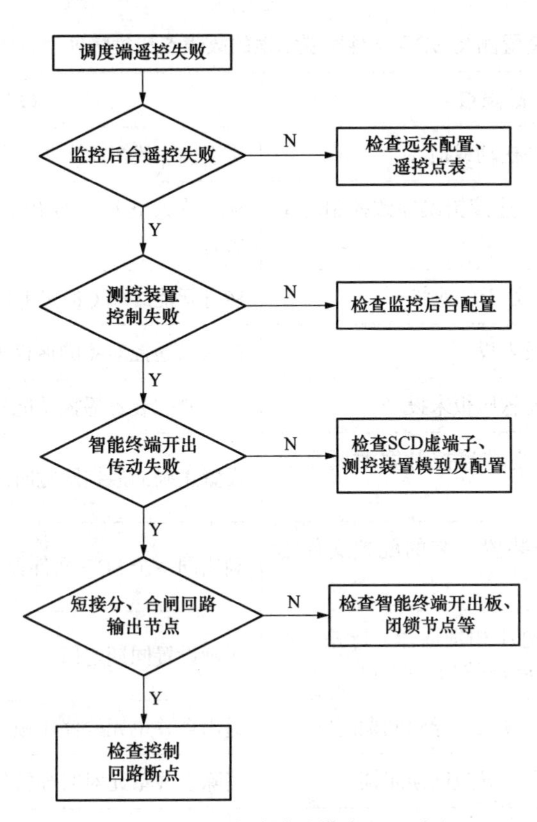

图 6–3　遥控失败缺陷检查处理流程

（二）故障分类及处理

1. 二次回路故障

故障现象：在机构就地进行分、合闸控制不成功。具体的故障点和故障处理方法如表 6–9 所示。

表 6–9　二次回路故障的故障点和故障处理方法

序号	故障点	故障处理
1	断路器控制回路正、负电源内、外侧线虚接、错位	用万用表测量端子上的正、负电源是否有电压，并确认内侧线接线正确、接触良好
2	断路器、隔离开关控制回路遥分、遥合回路线错接、交叉或虚接	用万用表测量端子上的正、负电源是否有电压，并确认内侧线接线正确、接触良好
3	闭锁节点、辅助节点故障导致控制回路断开，继电器无法励磁，控制失败	用万用表测量控制回路电压，确定断开点，更换故障的辅助节点或分、合闸继电器等

2. 装置侧及SCD文件配置错误

故障现象：在机构就地进行分、合闸控制成功，但在测控装置上控制不成功。具体的故障点和故障处理方法如表6-10所示。

表6-10 装置侧及SCD文件配置错误的故障点和故障处理方法

序号	故障点	故障处理
1	智能终端开出板件松动或损坏	重新插、拔智能终端开出插件或更换开出插件
2	SCD内遥控虚端子连接错误导致控制对象错误	SCD修改正确，导出并下装至相关装置，重启装置
3	智能终端QK把手处于就地状态	检查智能终端QK把手切至远方状态
4	智能终端出口压板未投	投入该遥控对象的遥控出口压板
5	测控装置遥控功能软压板未投	投入测控装置遥控功能软压板
6	测控装置、智能终端遥控脉宽时间整定错误	设置正确的遥控脉宽时间定值，不应过短
7	智能终端与测控装置下装的配置文件不匹配	利用同一个SCD文件导出并下装至对应装置
8	同期定值（同期电压相别选择、压差、角度）设置错误，导致同期遥控失败	正确设置同期定值
9	合并单元检修压板投入，导致同期闭锁	退出合并单元检修压板
10	合并单元对时异常，导致同期闭锁	消除合并单元对时异常信号
11	PT断线闭锁同期操作	检查合并单元上送电压是否正常

3. 监控系统设置错误（包括数据库和画面）

故障现象：在测控装置进行分、合闸控制成功，但在监控后台遥控失败（选择失败或执行失败）。具体的故障点和故障处理方法如表6-11所示。

表6-11 监控系统设置错误的故障点和故障处理方法

序号	故障点	故障处理
1	测控装置就地状态	将测控装置切至远方状态
2	数据库遥控关联错误或未关联	正确关联遥信与遥控，保存并发布
3	遥控调度编号不匹配	正确设置遥控调度编号，保存并发布
4	画面禁止遥控	修改菜单属性为允许遥控，保存并发布
5	画面图元关联错误	重新关联遥控对象，保存并发布

续表

序号	故障点	故障处理
6	断路器、隔离开关遥控逻辑错误（画面提示“五防”条件不满足）	修改“五防”逻辑，保存并发布
7	“遥控遥调返校、结果超时时间”过短，遥控预置超时	正确设置“遥控遥调返校、结果超时时间”，不宜过短，保存并发布
8	后台操作员用户无遥控权限	用户管理中，修改角色权限，保存并发布
9	有遥信设置成远方、就地类型，闭锁遥控	遥信类型更改为正确类型，保存并发布
10	后台设置间隔挂牌（如检修等）	取消间隔挂牌，保存并发布
11	数据库里遥控类型（增强型带返校、直控型）设置错误	正确设置遥控类型，保存并发布

4. *数据通信网关机设置错误*

故障现象：在测控装置进行分、合闸控制成功，但在调度主站遥控失败（选择失败或执行失败）。具体的故障点和故障处理方法如表 6–12 所示。

表 6–12　　数据通信网关机设置错误的故障点和故障处理方法

序号	故障点	故障处理
1	104 转发点表设置错误	修改转发表，保存下装，重启数据通信网关机
2	104 转发表遥控单双点遥控与主站不匹配	修改转发表，与主站遥控类型匹配，保存下装，重启数据通信网关机
3	104RTU 链路地址设置错误	RTU 链路地址设置正确、保存下载，重启数据通信网关机

三、案例解析

（一）案例一

某变电站监控后台与测控装置通信正常，且测控装置无任何异常告警，无任何断链信号。某值班员在监控后台对某断路器进行遥控操作，发现遥控预置成功后，执行超时。在测控装置上进行遥控操作，发现也无法执行遥控操作。

经现场检查，发现测控装置、智能终端配置均无异常。检查测控装置与智能终端的虚端子连接关系，发现虚端子连接均与给定虚端子表一致。检查控制电源，发现在控制电源正对地电压为 +110V，正常；控制电源负对地电压为 –110V，确认控制电源正常。检查分、合闸控制回路，发现断路器合闸回路存在错接情况，导致合闸回路不通。

拉开控制电源空气开关，查明并消除控制回路断点后，合上控制电源空气开关，遥控操作恢复正常。

（二）案例二

某变电站监控后台与测控装置通信正常，测控装置与过程层通信均正常。某值班员在监控后台对某断路器进行遥控操作，预置成功以后，遥控执行超时。在测控装置上进行遥控操作测试，发现同样无法进行遥控操作。

经现场检查，测控装置可以收到监控后台发出的遥控预置命令和遥控执行命令，同时观察智能终端也可接收到测控装置的遥控命令。查看智能终端所有配置文件，均正确。检查智能终端参数设置，发现遥控回路独立使能参数设置错误，导致智能终端无法正常开出，导致遥控失败。

将智能终端的参数设置恢复至正常，发现遥控功能恢复正常。

（三）案例三

某变电站监控后台与测控装置通信正常，同时测控装置与过程层通信正常，值班员在监控后台对某断路器进行遥控操作，发现遥控预置成功后，遥控执行却返回超时，去测控装置面板上进行遥控操作，同样失败。

经现场检查，测控装置可以收到监控后台发出的遥控预置命令和遥控执行命令。从测控装置进行遥控操作，发现智能终端收不到相应的遥控命令。检查测控装置的配置文件，发现配置文件齐全。查看 SCD 配置文件，发现光口配置均正确，但是测控装置与智能终端的遥控虚端子链接错误，因此判断虚端子错误导致智能终端无法收到遥控命令。

在 SCD 文件中将虚端子连接关系修改至正确，重新导出 CID 并下装到测控装置，重启测控装置后遥控功能恢复正常。

（四）案例四

某变电站监控后台与测控装置通信正常，同时测控装置与过程层通信正常，在监控后台对某断路器进行遥控操作，发现监控后台无法进行遥控。

经现场检查测试，在测控装置上对断路器进行遥控操作，发现可以成功执行。检查监控后台监控画面图元关联情况，发现图元模型选择、图元设备关联均正确。进入监控后台数据库，在遥控表中检查设备调度编号，发现设备调度编号均设置正确；在遥控表中，发现相应设备设置为禁止遥控，或可遥控选项未打钩。

在数据库遥控表中将相应设备设置进行正确设置并保存，再次在监控后台操作画面上执行遥控操作，遥控操作可以正常执行。

（五）案例五

调度员在主站端发现某变电站上送的遥信、遥测均为无效值，且长时间不刷新。调度员进行遥控操作测试，发现遥控操作无法进行，选择操作不成功。

经检查发现，该变电站数据通信网关机与测控装置通信均正常，故初步判断为数据通信网关机与调度主站之间出现故障。做好相应安全措施后，在调度主站端 ping 数据通信网关机 104 通道 IP 地址，发现网络链路正常。在数据通信网关机的 104 通道配置界面检查端口号配置情况，发现端口号正确设置为 2404。检查调度主站与数据通信网关机之间交互的总召报文，发现主站下发总召报文正确，但数据通信网关机返回的报文有异常，检查报文发现 RTU 地址配置不一致。

检查数据通信网关机 RTU 地址，发现与调度主站配置不一致，将 RTU 地址更改至与调度主站一致后，发现总召正确，遥测遥信数据均有效刷新，并可以成功执行遥控操作。

第四节　通信类缺陷处理

一、安全措施

（1）做好与运行设备之间的隔离措施，防止误入带电间隔，误碰其他带电设备。

（2）根据实际情况投入相应合并单元、智能终端、测控装置的检修压板。

（3）修改合并单元、智能终端、测控装置、监控后台、数据通信网关机配置或软件升级前应做好备份，修改配置时应设专人监护，修改后应做相应功能的验证。

（4）重启网络设备前告知相关调度主站，申请数据封锁；消缺工作完成后，应汇报相关调度主站，确认通道、数据无异常后取消数据封锁。

（5）检查光纤回路问题时，严禁在未确认光纤回路的情况下直接插拔光纤，防止拔错光纤造成其他装置信号中断或闭锁。

（6）在进行间隔层与过程层通信故障处理时，如有必要，相关保护改信号。

二、常用方法

（一）故障定位

根据缺陷现象，若为调度主站显示全站数据不刷新，则判断为数据通信网关机故障；若调度主站报某台测控装置通信中断，检查监控后台与该测控装置是否通信中断。若监控后台与该测控装置通信正常，则检查数据通信网关机与该测控装置之间的通信；若监控后台与该测控装置通信中断，则检查该测控装置的配置及与站控层网络的连接状态。若报文描述为“测控装置与合并单元（智能终端）存在 GOOSE/SV 通信中断”信号，则检查间隔层与过程层之间的通信。

处理通信故障时先检查网络（光纤）的物理连接是否存在断点，再采用 ping 命令检测网络链路和数据交换是否已建立，然后可通过对 GOOSE/SV/MMS/104 报文的监视来判断故障点。

网络通信异常（如 TCP/IP 连接异常、端口打开失败、初始化过程异常、环网运行引起的网络风暴等）引起的形式和现象可能有遥控过程失败、漏遥信、误遥信、数据采集数据异常。网络通信异常的处理具体操作流程如图 6–4 所示。

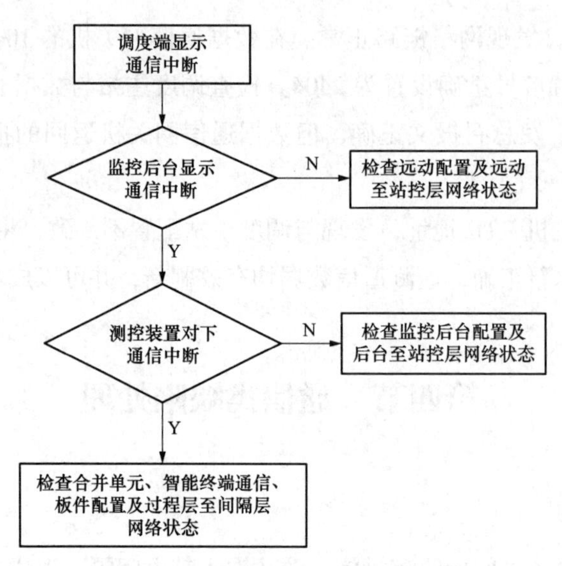

图 6-4 网络通信异常缺陷处理流程

（二）故障分类及处理

1. 间隔层与过程层间通信故障

故障现象：某间隔测控装置接收合并单元（智能终端）GOOSE/SV 通信中断，测控装置显示 GOOSE/SV 断链告警；智能终端接收测控装置 GOOSE 通信中断，智能终端告警指示灯点亮。具体的故障点和故障处理方法如表 6-13 所示。

表 6-13 间隔层与过程层间通信故障的故障点和故障处理方法

序号	故障点	故障处理
1	交换机侧，每个装置收发光纤不成对，有错接，交换机灯亮，但是 GOOSE/SV 断链	重新整理光纤，收发成对
2	缺少相应的控制块，导致相应的装置不发布该数据集，显示 GOOSE/SV 断链	SCD 添加 G1/M1 下的控制块，并配置 MAC 地址等参数，重新导出装置配置，下载，重启装置
3	交换机对应的网口 / 光口被禁用或者过程层 VLAN 划分不正确	正确设置端口属性及划分 VLAN
4	光口收发反接（装置侧或交换机侧），交换机相应的灯不亮	光纤连接正确
5	装置接收发送端口配置错误或配置未下装	按实际使用的端口配置装置收发端口
6	合并单元 / 智能终端与测控装置下装的配置文件不匹配	利用同一个 SCD 文件导出并下装至对应装置

2. 监控后台与测控装置通信中断

故障现象：监控后台与某测控装置通信中断，所有数据无效。具体的故障点和故障处理方法如表 6–14 所示。

表 6–14　　监控后台与测控装置通信中断的故障点和故障处理方法

序号	故障点	故障处理
1	监控后台网线插错网卡	桌面右键 console 内敲命令 ifconfig，查看后台各网口 IP 地址
2	监控后台网线虚接	网线虚接恢复
3	测控装置后网线虚接	ping 命令不通，检查交换机网口闪烁情况，测控装置网口闪烁
4	IP 地址设置错误	修改测控装置 IP 地址
5	IEDname 与客户端不符	液晶修改 IEDname 或者重新下载 CID 模型
6	61850 进程没有启动	设置中启动 61850 进程，并重启监控软件
7	数据库 61850 报告触发条件设置不正确	按需设置，通常为周期 / 总召 / 变化上送
8	监控后台报告实例号有冲突或报告实例号无效（超出最大值）	监控后台设置正确的报告实例号
9	SCD 无测控 S1 访问点	SCD 中添加 S1 访问点
10	交换机内站控层设置了端口 PVID+VLAN 分组，后台、测控不在同一个 VLAN 内，后台与测控 ping 失败	明确交换机的 VLAN 划分依据，根据交换机网口所接装置，配置正确的站控层 VLAN+ 端口 VlanID 号，使之存在于同一组
11	交换机侧测控以太网线虚接	使用 ping 命令发现不通，交换机灯不闪烁
12	交换机网口属性设置为光口	ping 异常，检查交换机设置
13	交换机端口设置了镜像	ping 不通，关闭相应口的镜像功能

3. 数据通信网关机与测控装置通信中断

故障现象：数据通信网关机与某测控装置通信中断，调度主站该间隔所有数据无效。具体的故障点和故障处理方法如表 6–15 所示。

表 6–15　　数据通信网关机与测控装置通信中断的故障点和故障处理方法

序号	故障点	故障处理
1	数据通信网关机对下 61850 网线插错网卡或者虚接	网线接入正确

续表

序号	故障点	故障处理
2	数据通信网关机交换机侧 61850 插件网线虚接	排除网线虚接
3	对下 61850 插件配置的网络地址与装置非同一网段	设置正确，并重新下载，重启装置
4	数据通信网关机报告实例号有冲突或报告实例号无效（超出最大值）	数据通信网关机设置正确的报告实例号
5	交换机相应端口设置了镜像	重新关联遥控对象，保存并发布
6	交换机内站控层设置了 VLAN+ 端口 VLANID，导致远动、测控不在同一个组	修改菜单属性为允许遥控，保存并发布
7	组态中测控装置 IP 地址错	数据库装置配置中修改 IP 地址，保存下装，重启生效
8	组态中测控装置 IED 名称错	数据库装置配置中修改 IEDname，保存下装，重启生效

4. 数据通信网关机设置错误

故障现象：调度主站与该数据通信网关机通信中断（包括通道中断、通道正常但“三遥”数据不正确），具体的故障点和故障处理方法如表 6–16 所示。

表 6–16　数据通信网关机设置错误的故障点和故障处理方法

序号	故障点	故障处理
1	远动装置对上 104 网线插错网卡或者虚接	网线恢复至正确的网口
2	远动装置 104 插件网线，交换机侧虚接	排除虚接
3	装置内厂站 IP 地址设置错误	设置正确，下载，重启
4	装置内主站前置 IP 地址设置错误	设置正确，下载，重启
5	装置内服务器端、客户端设置错误	设置正确，下载，重启
6	104 端口 2404 端口设置错误	设置正确，下载，重启
7	104 起始地址设置错误，点表内地址比起始地址小，导致装置 104 启动不了	设置正确，下载，重启
8	104 规约数据准备时间过长	正常时间为 60s
9	104 规约 K、W 值设置为 0	正常 K 值为 12，W 值为 8

三、案例解析

（一）案例一

变电站监控后台报某线路间隔测控装置 SV 通信中断。

现场检查发现，该间隔合并单元各指示灯正常且保护装置无任何 SV 异常告警，故初步判断为该测控装置或过程层交换机出现故障。做好相应安全措施后在测控装置侧的光纤跳线用手持式数字测试仪抓取 SV 报文，确认 SV 报文发送及内容正常，排除过程层交换机及光纤异常。

检查测控装置，发现测控装置的配置文件中该合并单元的 APPID 错误，修改、下装配置文件后，检查合并单元与测控装置 SV 通信正常。

（二）案例二

变电站监控后台报某线路间隔智能终端 GOOSE 通信中断，智能终端告警灯点亮。

现场检查发现，该间隔智能终端与其他 IED 通信正常，故初步判断为测控装置或过程层交换机出现故障。做好相应安全措施后在智能终端侧的光纤跳线用手持式数字测试仪抓取 GOOSE 报文，发现无任何 GOOSE 报文，在测控装置的 GOOSE/SV 插件背板用手持式数字测试仪抓取 GOOSE 报文，报文正常，判断过程层交换机或光纤异常。检查过程层交换机指示灯并抓取 GOOSE 报文，指示灯及报文均正常。测量智能终端光纤跳线的接收功率，发现接收功率低于 –31dB，确认光纤跳线异常。

检查光纤跳线，发现跳线的弯曲半径过小，满足规范要求，更换光纤跳线后检查智能终端接受测控装置 GOOSE 通信正常。

（三）案例三

某变电站监控后台报与主变高压侧测控装置通信中断。

现场检查发现，该测控与数据通信网关机通信正常，且其他保护和测控装置与监控后台通信正常，故初步判断为该测控装置和监控后台之间出现故障。做好相应安全措施后在监控后台用 ping 命令对测控装置进行测试，测试站控层交换机参数、端口及网线正常。使用 MMS 抓包工具抓取 MMS 报文分析发现监控后台无下发建立 MMS 链路报文，由此判定监控后台出现问题。

检查监控后台，发现监控后台设置该测控装置的 IEDName 错误，重新配置正确后，检查该测控装置与监控后台通信正常。

（四）案例四

变电站某间隔测控装置检修后发现与监控后台及数据通信网关机通信异常，无法 ping 通，遥测、遥信数据不刷新，站内其他 IED 设备通信正常。

现场检查发现，该站控层交换机所连接测控装置、监控后台、数据通信网关机等设备工作均正常，交换机自身也无任何异常告警指示，登录交换机检查参数配置发现该测控装置网线所连端口并设置为镜像口，经询问现场检修人员，确认检修人员在检修工作后更换了测控装置网线在站控层交换机上所连的端口，而该端口恰好为镜像口，导致测控装置与监控后台及数据通信网关机通信异常。

更换测控装置网线所连交换机端口后通信回复正常，遥测、遥信刷新正常。

第五节　高级应用缺陷处理

一、安全措施

（1）做好电压、电流回路安全措施，防止电流回路开路，电压回路短路、或反充电等现象。

（2）做好与运行设备之间的隔离措施，防止误入带电间隔，误碰其他带电设备。

（3）电源回路工作时需有专人监护，防止直流系统接地或短路、交流电源短路。

（4）根据实际情况投入相应合并单元、智能终端、测控装置的检修压板。

（5）修改合并单元、智能终端、测控装置、监控后台、数据通信网关机配置或软件升级前应做好备份，修改配置时应设专人监护，修改后应做相应功能的验证。

（6）重启数据通信网关机、网络设备前告知相关调度主站，申请数据封锁；消缺工作结束，应汇报相关调度主站，确认通道、数据无异常后取消数据封锁。

（7）涉及到合并单元、智能终端的消缺工作，根据实际情况申请停役一次设备。

（8）在进行顺序控制消缺工作前，应按照遥控试验的安措要求将其余运行间隔测控装置“远方 / 就地”操作把手切至“就地”，取下断路器、隔离开关遥控出口压板，必要时断开隔离开关操作电源。

（9）操作时操作人员操作必须有人监护，若一次设备上同时有工作，还应得到一次工作负责人同意，并指定专人到现场监护。

二、常用方法

常见的应用功能异常及缺陷检查处理方法如表 6–17 所示。

表 6–17　常见的应用功能异常及缺陷检查处理方法

应用功能异常	故障检查
对时功能异常	1）检查变电站同步时钟工作是否正常； 2）检查装置接收的光 B 码（电 B 码）信号是否正常； 3）检查装置 / 监控后台对时方式设置是否正确； 4）检查监控后台 / 数据通信网关机对时 IP 地址设置是否正确； 5）检查监控后台 SNTP 对时进程是否正常运行

续表

应用功能异常	故障检查
拓扑功能异常	1）检查监控后台拓扑功能设置是否正确； 2）监控后台主接线图中对电压等级的设置是否正确； 3）主接线图连线是否满足拓扑功能要求
事故推图功能异常	1）检查监控后台事故推图参数设置是否正确； 2）监控监控后台事故推图画面配置是否正确
程序化控制功能异常	1）检查Ⅰ区数据通信网关机与监控软件程序化操作模块工作是否正常； 2）检查Ⅰ区数据通信网关机与监控软件程序化操作参数设置（态及操作票的定义）是否正确； 3）检查Ⅰ区数据通信网关机与监控后台通信是否正常

三、案例解析

（一）案例一

变电站某测控装置报“测控装置对时异常”，SOE 时标错误，站内其他 IED 装置对时正常。

现场检查发现，该测控装置参数中对时方式设置正确，测控装置采用光 B 码对时，进一步检查对时光纤衰耗，发现衰耗超出标准规定的阈值，更换对时光纤后“测控装置对时异常”信号消失，该测控装置上送遥信的 SOE 时标恢复正常。

（二）案例二

变电站监控后台时间显示错误，告警窗中所有遥信 COS 时标错误，站内设备对时正常。

现场检查发现，监控后台对时方式、对时 IP 地址均设置正确，检查 SNTP 对时进程，发现对时进程退出运行，查看监控后台操作系统日志，发现有监控后台重启记录，重启时间与时间显示错误开始时间基本重合，确认 SNTP 对时进程在操作系统 / 监控软件重启过程中无自启动功能。

厂家修改 SNTP 对时进程启动方式并确认该进程常驻内存后，多次重启监控后台，时间显示不再异常。

（三）案例三

变电站监控后台拓扑着色功能异常，某有潮流的线路间隔拓扑着色异常。

现场检查发现，监控后台拓扑着色功能设置正确，检查主接线图，发现该线路与母线连线之间出现断点。

在主接线图修改该间隔线路与母线的连线，修改后拓扑着色恢复正常。

（四）案例四

变电站监控后台事故推图功能异常，事故情况下无主接线图推出。

现场检查发现，监控后台主接线图属性设置正确，检查事故推图参数设置，发现推图功能相关的断路器属性设置错误。

修改相关的断路器属性设置，修改后事故推图恢复正常。

（五）案例五

调度主站无法对某变电站进行程序化操作，调度主站无法调取操作票。

现场检查系统日志发现，Ⅰ区数据通信网关机及监控后台程序化操作模块工作正常，规约等参数设置正确。进一步检查发现Ⅰ区数据通信网关机与监控后台之间的通信异常，抓取报文分析，发现TCP握手成功，在监控后台ping Ⅰ区数据通信网关机可以ping通，检查应用层报文，发现报文工作异常，厂家升级监控后台及Ⅰ区数据通信网关机的程序化操作程序后恢复正常，调度主站调取操作票正常。

第六节　装置更换

一、安全措施

（一）更换合并单元/智能终端/测控装置

（1）做好电压、电流回路安全措施，防止电流回路开路，电压回路短路、或反充电措施。

（2）电源回路工作时需有专人监护，防止直流系统接地或短路、交流电源短路。

（3）间隔停役时，做好与运行设备之间的隔离措施，防止误入带电间隔，误碰其他带电设备。

（4）遥控操作前，应将其余运行间隔测控装置“远方/就地”操作把手切至“就地”，取下断路器、隔离开关遥控出口压板，必要时断开闸刀操作电源。

（5）进行遥控试验时，操作人员操作必须有人监护，若一次设备上同时有工作，还应得到一次工作负责人同意，并指定专人到现场监视。

（6）重启数据通信网关机、网络设备前告知相关调度主站；消缺工作完成，应汇报相关调度主站，确认通道、数据无异常后取消数据封锁。

（二）更换过程层/站控层交换机

（1）工作前后对交换机配置及VLAN划分做好备份，交换机连接口对应的网线、光纤做好标记。

（2）电源回路工作时需有专人监护，防止直流系统接地或短路、交流电源短路。

（3）如有需要，相关保护改信号。

（4）因交换机更换可能导致调度主站遥信数据跳变时，应提前告知相关调度主站封锁相应的遥信数据（根据具体情况封锁单间隔遥信数据或整站遥信数据）；消缺工作完成，应汇报相关调度主站，确认通道、数据无异常后取消数据封锁。

（三）更换监控后台（一次设备不停电）

（1）全站带电运行，防止误入带电间隔，误碰其他带电设备。

（2）电源回路工作时需有专人监护，防止交流电源短路。

（3）工作前后做好监控后台数据的备份；修改后应做相应“三遥”功能的验证。

（4）遥控操作前，应将整站运行间隔测控装置“远方/就地”操作把手切至“就地”，取下断路器、隔离开关遥控出口压板，必要时断开隔离开关操作电源。

（5）进行遥控试验时，可选择部分设备进行遥控预置操作，操作人员操作必须有人监护，同时经过调度批准，选择站内无功设备进行遥控实际出口试验，并指定专人到现场监视。

（四）更换单台数据通信网关机（一次设备不停电）

（1）修改数据通信网关机配置前应做好备份，修改配置时应设专人监护，修改后应进行“三遥”信息核对。

（2）电源回路工作时需有专人监护，防止直流系统接地或短路、交流电源短路。

（3）由于一般两台数据通信网关机安装在同一屏内，为了防止运行的通信网关机通信中断，工作前应告知相关调度主站，并进行相应的数据封锁，消缺工作完成，应汇报相关调度主站，确认通道、数据无异常后取消数据封锁。

（4）遥控操作前，应将整站运行间隔测控装置“远方/就地”操作把手切至“就地”，取下断路器、隔离开关遥控出口压板，必要时断开隔离开关操作电源。

（5）进行遥控试验时，可选择部分设备进行遥控预置操作，操作人员操作必须有人监护，同时经过调度批准，选择站内无功设备进行遥控实际出口试验，并指定专人到现场监视。

二、常用方法

在进行变电站监控系统装置更换后，需要进行的试验如下：

（一）更换合并单元/智能终端/测控装置

（1）合并单元/智能终端/测控装置参数配置、网络调试。

（2）后台及远动参数修改，保护装置配置，SCD 文件修改。

（3）合并单元/智能终端/测控装置功能调试（遥信、遥测、遥控核对，保护采样、跳/合闸功能调试、防误逻辑验证）。

（二）更换过程层/站控层交换机

（1）交换机配置（VLAN 划分）。

（2）交换机网络调试，通信情况检查。

（三）更换监控后台（一次设备不停电）

（1）监控后台数据库、画面、网络配置。

（2）采用调度端的遥信、遥测数据作为对比对象进行遥信、遥测核对。

（3）做好安全措施后，后台进行遥控抽对，测控装置能收到的情况下采用预置方式，并对无功设备实际出口进行遥控试验。

（四）更换单台数据通信网关机（一次设备不停电）

（1）数据通信网关机数据库、网络配置。

（2）采用另一台数据通信网关机的遥信、遥测数据作为对比对象进行遥信、遥测核对。

（3）做好安全措施后，调度端采用遥控预置的方式进行遥控核对，并对无功设备实际出口进行遥控试验。

智能变电站监控系统
典型缺陷处理课程